朱爱朝 著

自然之美

朱爱朝写给孩子的
自然笔记

新星出版社 NEW STAR PRESS

新经典文化股份有限公司
www.readinglife.com
出　品

一本干净的书

小学语文教师、知名儿童阅读推广人　薛瑞萍（看云）

这是一本干净的书。真挚，自然，凝敛——所以格外漂亮，耐看。

干净是一种境界，一种勇气，更是一种与生俱来的品味。

"品味的问题无法争辩。"厄苏拉·勒瑰恩如是说。

于是，爱干净的人们的相遇，就是一件幸事。

自然是干净的，美和真是干净的。而善的最高境，就是对美和真的绝对虔诚——对干净的不懈追求。于是，教师的教育信念，就会向内转化为见识和勇气：拨开花哨和雾霾的障蔽，以"真实、真诚"为终极尺度，冷峻而严厉地审视自己。于是，善与美的芬芳庶几因了这样的冷峻和严厉——真实不虚，沁人心脾了。

这就是：梅花香自苦寒来，唯大英雄能本色。

很安静。没有虫声，也没有人声。远处，轻轻的鸟鸣声传来。静寂中，突然有公鸡的一声高鸣，很快又复归静寂。阳光照在池塘上，水很清亮。而早上，水面是结了薄冰的。放在室外的小半桶水，已冻成冰块，只是现在，冰都已经融化了。菊花萎谢在枝上，脏污的深棕色抱住中间的黄色花瓣，无力地垂下。杉树满树漂亮的棕黄，地上也是棕黄色。脚踩过去，它掉落的籽粒便会发出声响。

莴笋的叶子，有细密得有如迷宫的叶脉。叶脉与叶脉之间的部分，鼓了起来。

爱朝的文字是干净的。阅读这样的文字，不由得让人呼吸轻柔，心尖微紧。因为看云感应到了爱朝一路所行的漫长，以及爱朝面对自然的谦卑。

麦子已经抽穗了，麦芒耸立着，剑拔弩张的样子，但剥开，尚未形成麦粒，空的。听到了远处"四声杜鹃"的声音。树木的叶子已充分舒展开来，绿色也由浅绿、新绿向深绿和墨绿过渡。洋槐花已开放约十天，似盛期已过，叶子已遮掩了花。农民正在麦田拔一种类似野花的草，水也刚浇过。依然是喜鹊。飞过两只乌鸦。（苇岸《大地上的事情》）

这是《日有所诵》五年级下卷的一篇。爱朝爱朝，诵读课上听着孩子们葱翠的书声，你是否也和看云一样，蓦然有"今夕何夕，此地何地"的恍惚？蓦然想到一串干净的名字：梭罗、泰戈尔、屠格涅夫、普里什文、厄苏拉·勒瑰恩……这些名字对我们来说，有如天上的星辰、地上的清泉，带来长夜的慰藉、焦渴的润泽——给我们力量，让我们携手。

爱朝的课是干净的。除非必须，绝对不用多媒体。《雅舍》《大地上的事情》《犟龟》……就那么干净地读，好好地讲。驱除了电子媒体干扰的课堂上，师生与经典直接连接，孩子与老师真诚对话。这种课堂，质朴得让离开课件就不会上课的人们感觉不适。然而爱朝说："缺乏真实和真诚、只求观赏效果的课堂，其实就是虚伪和作秀，是对童年的污染和浪费。面对儿童，我必须真实和真诚。"

在今天，敢于放胆践行"真教学"的干净课堂寥若晨星。然而因为爱朝、小安、刘倩，我看到了希望。无论包裹着黎明的黑暗多么厚重，天总是要亮的。爱朝的画是干净的，正如她的记录：

> 这张画意在表现雨水滴落在泥土上的感觉。效果马马虎虎，只是作画的过程很好玩。把大片的黄色涂抹上，撒上食盐。看颜色在盐的推挤下变化，是极有趣的。然后，在水分晾干之前，抖落食盐颗粒。这一招，是从金修珊奈的《水彩画手绘教室》中学来的。

用文字传达图画的美感是困难的。还不曾尝试过用线条和色彩为自然做笔记的看云，没有资格评议爱朝的画儿。然而看云知道，这些关于普通蔬菜、寻常花草的忠诚的描摹，乃是从一片干净的心田开放的花朵——美丽世界，净化杏坛。

二〇一三年二月，受《科瓦奇讲植物》启发，我开始带孩子们观察学校植物园中的植物。每周观察一次，用图画加文字的方式记录植物朋友的变化。

相比于可爱的动物，安静的植物很难引发孩子的关注和怜爱。周复一周的观察，这些曾让孩子熟视无睹的植物，与孩子有了生命的连接：孩子会为梅树的一根小枝被折断而心疼，因植物朋友而渴望着一场雨，甚至觉得桃树会因花儿凋谢而"呜呜"哭泣。

二〇一三年六月，在朋友于惠平的鼓励下，我开始写自然笔记。我的自然笔记主要围绕我在乡村的家展开。最开始用的是钢笔淡彩，着重的是线条和轮廓。之后是水彩，脱离了线条的束缚，图画给人的感觉更加轻松。文字的记录，侧重于我在当时的情境下无法用图画描绘出来的部分，有听到的声响、闻到的气味，还有当时的心情。

二〇一三年夏，长沙遭遇旱灾。因为做自然笔记，我看到菜园里的辣椒上午、下午各浇一次水依然打不起精神；菜瓜藤枯死，黄瓜还未长大就萎黄了；农民在深夜还打着手电筒想办法引水到田间。

我的心，被灼热的太阳烧得痛起来。

一件事情，只有自己真正做起来的时候，才能触摸到它真正的意义。自然笔记，在一点一点开启孩子们和我的感官，让我们逐渐恢复对植物、动物，对天空、大地的感觉，那种相依相随、融为一体的感觉。我们原本就是自然的孩子，高楼大厦、被水泥封闭的土地，不应成为阻断我们和自然母亲拥抱的理由。

华德福教育的创始人鲁道夫·斯坦纳说，孩子有迫切用他的整个生命来体验世界的愿望，这种愿望应当得到满足。我尝试用更多的方式来实现孩子与自然的连接：在相应的时间，给孩子们讲相应的节气、物候和相关的故事；带领孩子们观察节气的特点，做传统游戏，吟诵诗歌；跟孩子们一起去感受，各种天气状况下大自然带给人生命的欣喜和抚慰。自然观察伴随着诗意的情感，让生命的体验重回大地。

与世界长在一起，才会深爱这个世界。

与世界长在一起，才有可能拥有同万物荣辱与共的心。

与世界长在一起，才会深深明白，"我们编织不了生命之网，我们不过网中一线"。

气候变暖了，臭氧层有空洞了，雾霾来了。

我期待着孩子们不会说，"不是我的错"。

目录

把孩子带向世界

立春　拽着冬的袍子｜3

雨水　上　祈愿雨一直下｜7

雨水　下　细雨如酥｜17

惊蛰　上　吹响春天的号角｜25

惊蛰　下　拉开春的序幕｜33

春分　上　燕来还识旧巢泥｜41

春分　下　花儿与虫虫｜47

清明　上　肃穆光明的世界｜53

清明　下　与自然一同呼吸｜59

谷雨　春将尽｜63

立夏　敲开夏天的门扉｜69

我的 自 然 笔 记

为辣椒秧施肥 ｜ 79

奇妙的菜瓜秧 ｜ 81

移栽后的葱 ｜ 83

豆角叶之趣 ｜ 85

招蜂引蝶的黄瓜秧 ｜ 87

苋菜物语 ｜ 89

一蔓苦瓜出篱来 ｜ 91

茄子叶大如芭蕉 ｜ 93

南瓜藤儿满地爬 ｜ 95

丝瓜成熟了 ｜ 97

冬瓜藤叶毛茸茸 ｜ 99

无精打采的辣椒叶 ｜ 101

伤痕累累的菜瓜叶 ｜ 103

菜园里的豆角 ｜ 105

外表任性的苦瓜 ｜ 107

微风吹过菜园 ｜ 111

暮色下的黄瓜 | 113

菜园一角 | 115

变色的苋菜 | 117

干枯的菜园 | 119

枯萎的玉米 | 121

池塘边的扁豆 | 123

枝密叶浓的黄豆 | 125

白菜芽儿的脸庞 | 127

白菜芽儿长大了 | 129

木耳菜藤垂下来 | 131

韭菜开花 | 133

清晨小景 | 135

一波三折画紫苏 | 137

萎谢的苋菜叶 | 141

假日流水账 | 143

秋日菜园 | 151

开花的薤头 ｜ 153

稻田里，篱门外 ｜ 155

舒展的黄芽白 ｜ 157

莴笋的叶脉 ｜ 159

香菜絮语 ｜ 161

冬天的树叶 ｜ 163

桂子满枝 ｜ 165

历经风霜的葱 ｜ 167

庭院里的两朵茶花 ｜ 169

干枯的苋菜 ｜ 171

荠菜开花 ｜ 173

树发新枝 ｜ 175

清香怡人百合花 ｜ 177

贴梗海棠 ｜ 179

玉兰树上剪下的小枝 ｜ 181

山上采下黄栀子丨 183

早春太阳菊丨 185

桃树含苞丨 187

同一株茶树上的茶花丨 189

桃花绽放丨 191

新叶满枝丨 193

美人蕉怒放丨 195

悠悠大暑丨 197

夏日小景丨 199

日暮蝉鸣丨 201

热闹的田间丨 203

庭院里的活血莲丨 205

多彩栾树丨 207

迷人的龙船花丨 209

把孩子带向世界

立春

li chun

拽着冬的袍子

一候，东风解冻
二候，蛰虫始振
三候，鱼陟负冰

"立为建始，立春为春天的开始。
只是，它拽着冬的袍子，不肯放。"

在传统的农耕社会，曾以立春为岁首。

二月四日，立春。这一天，长沙气温骤降。从艳阳高照的二十多摄氏度降至四摄氏度，且下起了毛毛雨。"立春晴，雨水均；立春之日雨淋淋，阴阴湿湿到清明。""阴阴湿湿"于去年缺雨的长沙来说，却是相宜的。

自立春始，长沙气温持续下降，直至降到零摄氏度以下。暖冬里没有飘下的雪，在立春之后的第四天，终于纷纷扬扬下了起来。雪落在路面很快化为水，仅在屋顶上留下些痕迹，仍引来孩子们一阵惊呼。二月九日下午，雪，又不紧不慢从天而降。孩子们在院子里用手捧雪花，不知有多开心。

冬日太过暖和的长沙，在春的飘雪中，仿佛得到一种补偿。

立春之日打春牛、吃春卷的习俗，都已变成躺在书里的文字。立春之日是正月初五，乡村耍龙灯的队伍也难得一见了。静静的田野里，除了偶尔有几只鸡在觅食，看不到其他。

立春后五日，该是"蛰虫始振"，长沙的雪却开始堆积，马路上撒了盐，以促进冰雪融化。冰雪覆盖下的冬藏之虫，在太暖的冬天和太冷的春天的反常里，会有怎样的表情？

立为建始，立春为春天的开始。只是，它拽着冬的袍子，不肯放。

雨水 <small>yǔshuǐ</small> 上

祈愿雨一直下

一候，獭祭鱼
二候，候雁北
三候，草木萌动

"花儿和树木，需要太阳的光和温暖。

让我们想象一下，无数颗种子正在大地之下，等待着太阳。"

以太阳为父，以大地为母

公历二月十九日，太阳到达黄经三百三十度，是中国传统二十四节气的雨水。这一天，长沙大雪，我给孩子们上新学期第一次课。

与土地完全疏离的孩子，如何与节气产生连接？

从很久很久以前聊起。

"很久很久以前，人类在大地上诞生了。为了生存，我们的祖先得寻找食物。男人去狩猎，女人则去采集植物的块根、果子或是野菜。他们找到了能充饥的果子，也猎到了能吃的动物。但如果遇到像今天这样下着雪的日子，可能就得饿肚子了。后来，我们的祖先偶然发现，丢在地里的种子，竟然长出了植物，这样获得的食物，比打猎更有保障。于是，他们开始了在田地里的耕种。植物最需要的是什么？怎样才能有更好的收成？我们的祖先开始了漫长的观察和思考。"

植物最需要的是什么？我拿出淡绿色封面的《科瓦奇讲植物》，讲述《太阳与大地之间的植物》。

"冬天，天气特别寒冷。长长的冬天里，花儿和树木，都在等待什么呢？"

问题抛出，并不期待孩子的回答。这是讲述中的休止符。

我站在窗边，向外望去。

"花儿和树木，需要太阳的光和温暖。让我们想象一下，无数颗

9

种子正在大地之下，等待着太阳。

"在春天，植物开始生长。植物的茎、叶子和花这些部分是向着光生长的。植物的这些部分喜爱光，而且需要光，没有光就无法生长，还会死去。"

我请吴御田在黑板上画上太阳，舒缓的讲述节奏，让太阳的光照进来。

"植物的茎、叶子和花都需要光，但是植物的根部，却扎进愈来愈深的黑暗之中，进到了地里。根喜欢什么？"

"根喜欢黑暗。"

讲述中需要这样不费思虑的对答。这是线，将孩子轻轻往故事里牵。

"根喜欢黑暗。假设你把植物的根暴露在光中，例如在地上挖一个洞，让光照在植物的根上，那么根就会死去，而整株植物再也活不了了。""在地上挖一个洞"，是令孩子印象深刻的表述。孩子们的眼睛告诉我，他们看到了这样的情景，而且为喜欢黑暗的根难受着。科瓦奇是懂得孩子的老师，因为他离孩子很近。

"植物以太阳为父，以大地为母，在太阳和大地之间生活。"

"以太阳为父，以大地为母"已化为黑板上的图像，也化为孩子心中的图像。

圆圆的房子

"对于太阳父亲、大地母亲，我们的祖先对它们的了解过程是非常缓慢的。饥荒是常客。为了让植物更好地生长，我们的祖先在想办法找太阳运行的规律，二十四节气，就是我们的祖先找到的太阳的运行规律。"我从《科瓦奇讲植物》，转入二十四节气。

节气是根据太阳在黄道（从地球上来看，太阳一年"走"过的路线）上的位置来确定的。我们终年在大地上耕种的祖先，在两千多年前，将太阳在大地上留下的痕迹，用二十四节气记录下来。

"地球围绕着太阳，一年转一个圈。"我在黑板上画下一个圆。

"我们的祖先发现，有一天在一年当中非常特别。从这一天开始，白天会越来越长，阳光会越来越强，播下的种子开始发芽。这一天，是春分。"在圆圈上定下"春分"的点，标上零度。

"春分这一天，白天和黑夜都是十二小时。一年当中，还有一天白天和黑夜也是一样长的，这一天在秋天。"孩子们看我在和零度相对的点上标一百八十度，立马接上："秋分。"

"二十四节气，都住在这座圆圆的房子里。每移动十五度，一个新的节气就开始了。让我们一起来为节气找位置。"

"春雨惊春清谷天，夏满芒夏暑相连。秋处露秋寒霜降，冬雪雪冬小大寒。"

根据二年级时学过的《节气歌》，给节气找位置。"处暑""白露""寒露"几个节气，孩子们已经忘记了。

在上课之前，对如何给孩子们讲二十四节气，我颇费踌躇。斯坦纳说："只要你们所说所做的能够触动你们自己，只要不仅仅是你们的头和心感兴趣，那么在面对整个班的时候，也不会更难。"

斯坦纳认为，儿童无法消化生涩的知识，老师要努力用艺术的方式来带孩子学习。今天用讲述和在"圆房子"上找位置的方式，来帮助孩子们理清二十四节气与太阳、与人类生活的关系，也许还有些粗糙，但孩子们的喜欢让我很满足。我想，他们一定感受到了我诚心诚意的努力。

把"雨水"所在的三百三十度的点标成红色,写下甲骨文的"雨"字。

"最古老的甲骨文,这一横像不像天上的云?雨水,来自高空的云层。再看这个甲骨文,天空上落下几行小点,是天上降雨时雨点连绵的形象。"

一生二,二生三,三生万物。雨露滋润万物生长。

"到了金文,中间的一行雨点连成了一竖。"金文已初具今天的"雨"字的雏形。

"天空中挂着许多大家渴望的雨滴。古时候的人,会手拿树枝去求雨。雨太少,旱灾;太多,水灾。所以,雨,适中最好。"

斯坦纳认为,把古老的文字呈现给儿童,是穿越时空,把他们带到远古的文化时代,因为这正是文字最初起源的方式。

如果我们只教今天的"雨"字，就会如斯坦纳所说，"你们所教的纯粹是派生的东西，与人类生活背景没有任何联系。这样的话就会使书写脱离它的原本背景——艺术媒介，从而造成书写与艺术的割裂""将字母的形状从当前的惯例中剥离出来，并展示其起源，我们就打动了孩子们的全人，与只在智力方面下功夫的情况相比，这样的孩子会有很大不同"。

打动孩子的全人，意义何在？斯坦纳认为，"当前根本的问题是，人们生存在世界上只运用头脑，而其他部分只是无精打采地拖在后面，结果，人性的其他方面就会由动物本能所驱使，这动物本能只是在纵容放任的情绪，我们正在经历着这一切。这种现象的产生是因为人们没有得到完整的滋养"。

为什么要把二十四节气带进教室？

进入二十四节气，可以融入大自然的节奏，也可以进入祖先的生活节奏，汲取来自根部的营养，找到定住生命的锚。

这也有疗愈的意思。

空调已让四季如一季；蔬菜和水果是我们从超市移进厨房的物品；旱与涝，只是报纸和电视上的新闻。

天气，与不事耕作的我们距离已越来越远。

霾，是被我们冷落的自然迷蒙的泪眼。

我们如何与自然产生内在的连接？二十四节气，应该是其中的一扇转门。把二十四节气带进教室，是给孩子"完整的滋养"。

祈愿雨一直下

久雨成涝或滴雨不下,皆是天公不愿作美。去年的长沙,下雨的日子极少,即便下雨,也仅是滴滴答答,从未痛快过。如果不是开始做自然笔记,我对干旱,绝不会有感同身受的痛,最多施以看客的同情,因为彼时的干旱与我无甚关联。

雨水节气,意味着降水的开始,雨点将逐步增多。在这个节气,祈愿雨一直下,祈愿这片土地上的树木、花朵、蔬菜、水果,都能"咕咚咕咚",喝个畅快淋漓。

"雨水"记忆

这张画意在表现雨水滴落在泥土上的感觉，效果马马虎虎，只是作画的过程很好玩。把大片的黄色涂抹上，撒上食盐。看颜色在盐的推挤下变化，是极有趣的。然后，在水分晾干之前，抖落食盐颗粒。这一招，是从金修珊奈的《水彩画手绘教室》中学来的。

雨水 <small>yǔshuǐ</small> 下

细雨如酥

一候，獭祭鱼
二候，候雁北
三候，草木萌动

"与世界长在一起的孩子，才会深爱这个世界。"

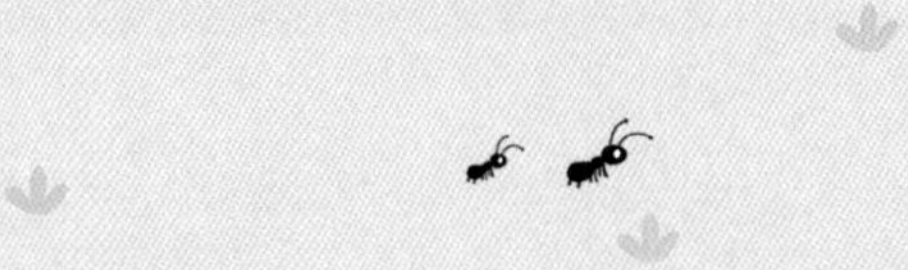

细细密密的雨，飘了一天了。如酥的雨，感受一会儿就好。久了，就觉得凉。教室后面，挂着孩子们花花绿绿的伞。

每一个节气，分成三候，五天为一候。一年二十四节气，就有七十二候。"候"，更细致地表现出植物、动物和天气的变化。植物候有植物的幼芽萌动、开花、结实等，动物候有动物的苏醒、鸣叫、交配、迁徙等；非生物候有结冰、解冻、雷鸣等。我们的祖先依据自然界动植物所反映出来的现象，来帮助计时。

我给孩子们讲雨水三候。

雨水之日"獭祭鱼"。天气渐暖，肥美的鱼儿上游，水獭捕食，往往只吃一两口就抛在岸边。水獭捕鱼能力强，每食必在岸边堆积许多吃剩的鱼，如同陈列供品祭祀。

雨水后五日，"候雁北"。雁，是守时的候鸟。每年的白露节气一过，大雁就会从北方飞到遥远的南方越冬。第二年的春天，雨水节气过后，大雁感受到春的信息，会再次飞越千山万水，到北方去繁衍生息。

"獭祭鱼""候雁北"，是城市儿童已无缘看到的风景。

再五日，"草木萌动"。"天气下降，地气上腾。天地和同，草木萌动"。雨润万物，新绿点点。柳树上的新芽，在轻风中微微摆动。

七十二候的起源很早，记录的是黄河流域物候的变化。由于地域的差异，再加上时日变迁带来的环境改变，"七十二候"已只能作为气候的参考。

在《斯坦纳给教师的实践建议》中，斯坦纳对老师们说："你们必须关心那些对孩子们的发展真正有意义的东西。"

给孩子讲七十二候的意义何在？为何要将七十二候带给与农耕生活完全脱离的城市儿童？

让孩子们了解物候，意在感受我们的祖先与环境的密切关联，并期待孩子把目光和兴趣从机器中移开，由七十二候来引发孩子对周围气候、动植物变化的关注，开启孩子的感官，让自然滋养、平衡孩子的生命。

在雨水节气，孩子们感受到了什么？

"空气很潮湿，晒在阳台上的衣服，好像总是干不了。"

"下雨的日子越来越多。这一个星期都在断断续续地下雨。只是雨都不大。"

"柳树发出了小小的芽。"

"黄色的腊梅花在盛开。"

日复一日，孩子逐渐恢复对于空气、水、天空、动物、植物的感觉，那种相依相随、融为一体的感觉。

与世界长在一起的孩子，才会深爱这个世界。

与世界长在一起的孩子，才会拥有同万物荣辱与共的心。

与世界长在一起的孩子，才会深深明白，"我们编织不了生命之网，我们不过网中一线"。

如果我们对大地的伤痛从未感同身受，我们又如何抚平她的创伤？

与孩子一起感叹，一起发现，让自然观察伴随着诗意的情感，让生命的感受与体验重回大地，一如我们的祖先在历史的童年时代，用二十四节气，用七十二候，与世界进行的情感的连接。

阿斯特丽德·施密特·斯泰格曼在《斯坦纳给教师的实践建议》前言中写道："当今技术革命促使人类进入信息时代，随之而来的是伴随着压力的狂躁的生活步伐，以及对智力开发的过分强调，这种情况下，我们这个时代迫切需要对未成年人进行和谐的培养。艺术的表达方式以及教育当中其他滋养魂和灵的方面被轻视和忽略。我们的儿童和青少年挣扎着寻找有意义的体验，那种让其感到作为人找到了人生答案的体验。技术革新带来的激动和无尽的享乐让许多人成了俘虏。然而，享乐无法满足内在成长的需求，每个人都在寻求，以图找到他或她此生的位置和目标。"

天街小雨润如酥

在雨水节气，与孩子们一起吟诵《早春呈水部张十八员外》："天街小雨润如酥，草色遥看近却无。最是一年春好处，绝胜烟柳满皇都。"

诗歌呈现出两个画面：一是在初春时节的如酥小雨里，诗人遥看与近观春草；一是春至深处，烟柳茂盛之景象。两个画面其实都很美，"最是""绝胜"却让美的天平的一端高高翘起，而且无商量之余地。

如酥小雨让天街仿佛笼罩于云烟之中，云烟中有一抹青青之痕，那是初春的草芽。

韩愈欢喜着这样的柔美、纤细，欢喜着"近却无"的娇羞、含蓄。吟诵之时，韵脚字音是拉得最长的。"上平七虞"韵的幽远甚而有一些些缠绵的味道，正用声音将诗人的情感传达出来。

"天街——"，两个平声在一起，最适宜声音的拉长，皇都大道在声音中敞开。"小雨"，两个"舒徐和软"的上声，再加上含蓄的"润如酥——"，孩子们的吟诵声里，初春的淡雅氛围如帷幕轻轻拉开。

"草色"，两个齿音，特别轻捷，表现出草色之轻淡。"却"，一个"直而促"的入声，是因"草色遥看近却无"而发的惊讶。

窗外，小雨如酥，虽然只有满操场的人工绿草，但柳枝上羞怯露出头的星星点点的嫩芽，也忍不住让我们感叹：

"最是一年——春好处，绝胜——烟柳满皇——都——"

环境与诗歌的相互助力，点亮孩子的"全人"之路。

在相应的节气吟诵相应的诗歌，是用艺术的方式，带孩子去感受各种天气状况下，大自然带给人生命的欣喜与抚慰。

雨水节气，雨水渐多。

池塘里，水渐渐升高。田野里，绿草间有清亮的水洼。

甲骨文的"水"字，中间的曲线表示河水的流动，两旁的点，意为河水奔流时溅起的水花。

日本汉字学家白川静先生认为，中间为主流，两旁为细流。巨流三条流淌为"川"，可见，"水"表示较小的水流。

瑞典汉学家林西莉说，"水"字是有着河道、漩涡和沙岸的河的形象，当我们站在岸边看着河道的时候，看到的正是这样。

这是回到文字的源头，让孩子发现抽象文字与真实生活的连接。孩子的世界是生机盎然的，他们应当见到汉字中活泼泼的生命，而仅仅是抽象的笔画。

水至柔，也有至强的力量。

一个装满水的纸杯放在讲台上，孩子们一组一组轮流上来，小心翼翼地朝里面扔一个回形针，每个人都担心自己的回形针落下去的时候，水会溢出来流到桌上。一盒回形针静静躺在杯底，杯口的水形成鼓鼓的圆弧形，但始终没有溢出来。这是因为小水滴总想要聚在一起的缘故。实验让孩子发现，水有着强大的凝聚力。

地球上，水约占百分之七十。我们的身体，约百分之七十由水构成。水与人类密不可分。远古的人类聚水而居。水边植物繁茂,果实可吃,枝叶可盖房子遮挡风雨。水边聚集了更多动物。动物的肉供人食用,皮毛可做衣服。水中可行船,交通的问题也解决了。衣食住行,人类的种种需要,在水边更容易得到满足。

《写给儿童的世界历史》中说:"所以,尽管当时的世界是如此辽阔,地球上的人烟如此稀少,然而,最初的文明人住过的地方,几乎都集中在几条大河流经过的区域。"

我模仿着这本书中的图画,将人类文明的四个摇篮,画在了黑板上。

"在亚洲靠东边的地方,有两条很长很长的河流,一条叫长江,一条叫黄河,这是中国人的母亲河。"

往亚洲的南部看过去。

"这里也有两条河,一条叫恒河,一条叫印度河。"

这几条河孩子们都比较熟悉。再看亚洲靠西边的地区。

"底格里斯河和幼发拉底河,在这里奔流不息。"

这两条河孩子们很陌生,重复了两遍。

再往西边走,进入非洲大陆。孩子们齐声喊:"尼罗河。"

是水,是河流,孕育了人类文明的四个摇篮。

从水的实验,到了解人类文明的摇篮,孩子们有无限的满足。科学与人文的两束光,照亮了孩子的心房。

惊蛰 上

jingzhe

吹响春天的号角

一候，桃始华
二候，仓庚鸣
三候，鹰化为鸠

"春天来了，天气暖和了，闹钟响了，
虫子们被惊醒了，起来活动啦。"

🌿 | 二月二，龙抬头

农历二月对应《周易》中的"大壮"卦。"大壮"卦乾卦在下，震卦在上，底下有四阳，阳气推动为震，因阳刚而动方为"大壮"。

农历二月二，龙抬头。苍龙七宿在秋分后潜渊，到二月初二升腾而起，镇守东方。春天的号角真的吹响了。

二月二那天，正好是星期天。周彦渤为理发等了一个多小时，李崇源跑了几家理发店，都是"人山人海"。

🌿 | 每月两节日期定

节气的日期在公历中是相对固定的，如立春总在公历的二月三日至五日之间。但在农历中，节气的日期却难以确定，立春最早可在上一年的农历十二月十五，最晚可在正月十五。

节气的公历日期有口诀帮助记忆：

> 上半年来六廿一，下半年来八廿三，
>
> 每月两节日期定，最多不差一两天。

口诀读过之后，得给孩子们好好解释。

先温习之前说过的。"这栋圆圆的房屋里，住着多少个孩子？"

"二十四个。"

"每个孩子住的房间都占多大位置？"

"十五度。"

"太阳爱每一个孩子，它与每个孩子待在一起的时间几乎相等。所以，二十四节气的公历日期每年大致相同：上半年在每月的六日、二十一日前后，下半年在每月的八日、二十三日前后，最多相差一两天。"

对于孩子来说，体验过的印象才会深刻。我们翻开当年的日历来验证。日历各种各样，是孩子们自己带来的，小到巴掌大的纸片，大到整本的台历，不过肯定没有我婆婆那种花花绿绿的、厚厚的日历——上面公历、农历、节气，包括每一天的宜忌，都有详细记载。她也是全家最关心天气的人，每晚七点半，必看电视台的天气预报。多年的农村生活，让早已不事耕作的婆婆仍保持着对季节的敏感。

先找这一年上半年的节气。立春，二月四日；雨水，二月十九日；惊蛰，三月六日；春分，三月二十一日；清明，四月五日；谷雨，四月二十日；立夏，五月四日；小满，五月二十一日；芒种，六月六日；夏至，六月二十一日。"上半年来六廿一"，没错的。

性急的孩子已快速寻找起下半年的节气。小暑，七月七日；大暑，七月二十三日；立秋，八月七日；处暑，八月二十三日；白露，九月八日；秋分，九月二十三日；寒露，十月八日；霜降，十月二十三日；

立冬，十一月七日；小雪，十一月二十二日；大雪，十二月七日；冬至，十二月二十二日。

日历翻完，"小寒"与"大寒"，应该躺在下一年的台历上了。

"天哪，太神奇了！"

孩子们再读黑板上的口诀，声音里的陌生、犹豫，已全然消融。

🌸 | 小虫子苏醒了

"冬天，天气寒冷，小虫子们找不到食物，也没有我们这样厚厚的大棉袄，它们就找个地方藏起来，不吃也不动。春天来了，天气暖和了，闹钟响了，虫子们被惊醒了，起来活动啦。"

这个自编的故事，去年惊蛰时就给孩子们讲过，但今年的惊蛰再讲一遍，孩子们仍为我拍拍这个"小虫子"，轻轻摇摇那个"小虫子"而乐不可支。他们喜欢做蛰伏于幽暗之处的小虫。

"闹钟"，自然是春天的惊雷。春天的第一声雷，此时还未发生。我给孩子们布置的作业是：春天的第一声雷，是什么时候响起的？

朗读《惊蛰时节》，和那一群跑到山上的孩子一起喊："惊蛰到，惊蛰到，冬眠的虫子睡醒了。"

　　　　向阳的山坡上，有一片软软的茅草，热乎乎，暖洋洋，真想躺在上面睡个懒觉。孩子们躺在茅草上，四脚朝天，伸着脖子，张着嘴，学着毛驴叫。"呜哇呜哇"的叫唤声，把小鸟吓跑了。再学着毛驴打个滚，沾了一身茅草。有根茅草很奇妙,顺着后背跑。先别动,仔细瞧,一瞧吓了一大跳,原来是条小蜈蚣,长着好多脚。

忽听那边小妮子唧哇大声叫，她说有只小蝎子，翘着尾巴梢，还有一只小壁虎，爬上俺的脚。

忽听这边小小子也在唧哇叫，他说有条小花蛇，扭着小细腰，旁边还有一只小蛤蟆，又是蹦又是跳。

哎呀呀，俺的亲娘俺的马虎大嫂，这些小虫都有毒，咱得离它远点好。

这是孩子们不熟悉的生活,可是他们是多么喜欢。可以"瞎乱跑"的自由童年，永远是儿童最为渴望的。

回到童年

《惊蛰时节》来自于平、任凭所著的《童年印记》。

拿起书，就不想放下。

等到天黑，才开始放映。那时放映的片子，大多是战斗片，其结尾几乎都是冲锋号一响，解放军或八路军就冲上了敌人的阵地，影片便在欢庆声中结束。连着看了几个这样的片子后，孩子们就摸出了一个规律，一听到冲锋号吹响了，就开始往家跑，为的是早走不挨挤。有一次我坐在外围，和往常一样，当听到冲锋号吹响时，撒腿就往家里跑，可跑回家好长一会儿也没听见散场的声音。原来，这个电影的中间有个冲锋的场面——我跑早了。

小的时候，我也看过露天电影，很早就要搬凳子过去，坐下就别想再挤出来。有天晚上和姐姐一起去看电影，那天去的地方比较远，散场之后，两人就被一哄而散的人群冲散了。一个好心人把我送回了家。我曾模仿着课文，写下了作文《高大的背影》。不过，我没能写出我同桌写我的名句："她苹果似的脸上爬满了皱纹。"

那个时候，结婚也流行放电影。母亲单位的一个小伙子结婚，用大卡车把全单位的人接去吃晚饭，再招待一场电影。我放学后在同学家做完作业，疯玩到天黑才回家。宿舍楼里静悄悄，大家都去看电影了。家里的门锁了，我又饿又累，靠着门就要睡了。迷迷糊糊中，传达室的爷爷奶奶叫我到传达室的小房间躺下。又在迷迷糊糊中，妈妈把我叫醒回家去睡。电影的名字一辈子忘不了，那是卓别林的《摩登时代》。

不仅是文字，图画更是打开记忆之门的钥匙。《童年印记》一文配一图，除了最后的七幅钢笔画，其余均为剪纸。每一幅，都在说故事，迅速让人穿越时光之门，回到遥远的童年。这些图画唤起回忆的力量，堪比熟悉的声音与气味。

我看着看着，常常忍不住要笑出声来。儿子好奇，便读给他听。原以为这是过去的故事，他能听一两篇也就不错了。哪知一听便日日要求朗读，把原来朗读的那一本都搁下了。朗读的人笑，躺在床上听的那一个笑得更响，有时候笑得止不住，直喊"肚子痛"。看这篇《爆玉米花》。

俺四岁那年曾被玉米粒崩过一次，腮帮子上被烫了一个大大的水泡，疼了好几天，伙伴们见了俺都讥笑着唱道："馋嘴猫，烫水泡，腮帮子，肿老高。"腮帮子虽然肿了，可不影响吃玉米花，两个小口袋里装着满满的玉米花，专门在伙伴面前吃，嘎嘣嘎嘣地嚼着，满嘴喷香，小伙伴们馋得都伸着小手向俺讨要，俺特自豪地昂起了头，脸上的水泡更显得亮晶晶的。

从"童趣篇"到"童玩篇"，就连"童谣篇"，儿子也听得兴致盎然，还读了编后记。这是一个孩子恋恋于一本书不想说"再见"的表现。故事是老的，但童年、童心是一样的。

相比于平、任凭的纯真与童心，我常常惭愧。不过，把这本书读了两遍——自己读一遍，为儿子朗读一遍之后，我的惭愧之情稍稍褪去。

我沉醉其中，除了对童年的念想，更想借它拂去自己身上的尘埃。

惊蛰 下

拉开春的序幕

一候，桃始华
二候，仓庚鸣
三候，鹰化为鸠

"游戏中自由的奔跑，是对身体的解放。
汗水、欢笑、舒展的身体与脸庞，游戏滋养孩子的，岂止身体？"

🌿 | 春天的第一声雷

今春，三月六日中午一点零二分，一声极轻的、生怕惊扰了众生灵的雷响起。它咕哝了一两声，戛然而止。几秒钟后，它清了一下嗓子，声音高了一些。也许是刚刚开嗓，它的声音还是不大，只是时间比前面稍长了一些。它就此而止，体贴地让人午休。

🌿 | 惊蛰三候

惊蛰之日，桃始华。此时，校园里的桃树枝丫光秃，毫无动静。三月十五日，乡村的池塘边，桃树含苞未放。儿子在山上，采了几朵怒放的桃花。柳树上有着点点绿芽的枝条，渐渐增多。

后五日，仓庚鸣。"惊蛰到，暖和和"，虽然仍在乍暖还寒之时，气温已逐渐升高，黄鹂鸣于翠柳间。

再五日，鹰化为鸠。鹰与鸠是两种不同的鸟，古时候的人不知道鹰飞往北方去繁衍后代了，误以为鹰化为了鸠，便以此作为物候。

虽然七十二候中有一些浪漫的误会，但我们的祖先对于周围环境的敏锐感受，恰恰是今天的我们所渐渐失去的。

鲁道夫·斯坦纳说，要让孩子与他们的自我及其周围的世界建立健康的关系。保持对周围环境的敏感，是与周围的世界建立健康关系的基础。

在惊蛰，孩子们感受到了什么？

"教学楼一楼的地板总是湿漉漉的，地板像是在流汗。"

惊蛰时节，雨水较多，土地饱吸雨水。土地中的水膨胀蒸发，水汽往地面冒，遇冷凝结而成水，这就是我们常说的"地面回潮"。

"我脱掉了冬天的棉袄，感觉轻松多了。"

"春捂秋冻"，乍暖乍寒的惊蛰时节，不懂热时脱衣、冷时加衣的孩子，往往容易感冒。

"天气暖和多了，我不用保温杯喝水了。"

"我们家的猫比以前活跃多了。冬天的时候，它总是缩成一团。"

"我看到油菜花开了。"

如诗人苇岸所言，"到了惊蛰，春天总算坐稳了它的江山"。渐渐回暖的天气里，春困也开始了，正适合读金子美铃的《春天的早晨》。打开《日有所诵》，我们一起诵读：

雀儿喳喳叫，

天气这么好，

呼噜噜，呼噜噜，

我还想睡一觉。

上眼皮想要睁开，

下眼皮却不愿醒来，

呼噜噜，呼噜噜，

我还想睡一觉。

🌸 | 老鹰抓小鸡

天气渐暖，草木纵横舒展，孩子们也该活动活动了。

以《童年印记》中的剪纸为参考，我给孩子们讲怎么玩"老鹰抓小鸡"。但是，孩子们还是有很多疑问。

"谁当老鹰？谁当母鸡？谁来做小鸡？"

孩子不习惯没有大人分配、管理。

"老鹰抓住一只小鸡之后，趁其他小鸡还没回到队伍就抓它们怎么办？"

游戏也有规矩方圆，可不能耍赖。没有游戏经验的孩子，生怕对方胡来。

"如果我站着不动，老鹰可以不来抓我吗？"

小鸡示弱，老鹰抓起来更方便。

如此多的问题，是因为孩子与伙伴玩游戏的时间太少。

进入操场，分组玩"老鹰抓小鸡"。

"只见老鹰左冲右突，小鸡们胆战心惊，不一会儿，两只小鸡就掉队了，先掉队的侯景程当了老鹰。他非常机灵，一会儿向右，一会儿向左，很快一只小鸡就被他抓了出来。"（王知宸）

"我一会儿左躲右闪，一会儿快速奔跑，玩得不亦乐乎。最有趣的就是母鸡转圈时，我们随着离心力被甩了出去，真好玩。"（李一苇）

游戏中自由的奔跑，是对身体的解放。汗水、欢笑、舒展的身体与脸庞，游戏滋养孩子的，岂止身体？

传统游戏满足了孩子天性中对自由的向往、对同伴的渴望。虚拟的游戏中，孩子投入的只有视觉和听觉两种感官。虚拟游戏隔断了孩子与真实世界的联系，打击甚至摧毁着想象力还处在微妙发展阶段的儿童。

相比体育锻炼，自由玩耍更适合儿童。在体育锻炼中，教练或裁判组织一切，问题的解决依赖外力。而在自由玩耍中，孩子需要考虑同伴的感受，并要自己想办法解决问题。

正如《简单父母经》中所写的："我们都低估了自由无结构的玩耍。以社会而言，我们把孩子自然成长的丰富性打了折扣。自我导演的玩耍能建立多层面的、情绪上的智慧。它培养出游走于不定的未来的必需技巧，也就是需要愈来愈有弹性、并有创意地解决问题的方法。玩耍并非已经过时的旧式玩法，'许多的无结构的玩耍'乃是儿童成长发展的必需品，有人也许会说在现在这种大环境之下，比以往更为必要。"

春分

chunfen 上

燕来还识旧巢泥

一候，玄鸟至
二候，雷乃发声
三候，始电

"燕子与人的关系，是邻居，更像家人。每年如约而来，
忙碌地衔来小枝、稻草、泥土，慢慢筑一个结实的窝。"

分者半也

三月二十一日，太阳到达黄经零度，进入春分。

"春分"的"分"有两个意思。"二月中，分者半也，此当九十日之半，故谓之分。"孩子们依次数出之前的三个节气——立春、雨水、惊蛰，再来计算一番：一个季节三个月，三个月有九十天左右。立春、雨水、惊蛰，每个节气十五天，三个节气共四十五天。春分，正好平分春季。

分，也指一天中昼夜平分，各为十二小时。"分者，黄赤相交之点，太阳行至此，乃昼夜平分。"这一天阳光直射赤道，昼夜相等。自春分始，白天会越来越长，夜晚将越来越短。

春分三候

春分之日，玄鸟至。玄鸟，指的是燕子，春分而来，秋分而去。

小的时候，常看到燕子衔泥筑窝，看燕子一家在巢中呢喃。下雨前燕子低飞，也是记忆中尤为清晰的一幕。燕子的窝是极为精致的，堪称艺术品。燕子与人的关系，是邻居，更像家人。每年如约而来，忙碌地衔来小枝、稻草、泥土，慢慢筑一个结实的窝。有的时候，同一家人的屋檐下，竟有两个窝。

孩子们说着"玄鸟至"的时候，脑海中是不会有我这样生动的画面的。他们对燕子的印象大多来自书本或影像。城市的孩子已无缘看到燕子筑窝。

其实，乡村的孩子也较难看到燕子了。这几年，我在乡村的家，既无燕子筑巢，也无马蜂来做窝。邻居家的屋檐，也不复有燕子忙碌来去的身影了。

乌黑的一身羽毛，光滑漂亮，积伶积俐，加上一双剪刀似的尾巴，一对劲俊轻快的翅膀，凑成了那样可爱的活泼的一只小燕子。

小燕子带了它的双剪似的尾，在微风细雨中，或在阳光满地时，斜飞于旷亮无比的天空之上，唧的一声，已由这里的稻田上，飞到了那边的高柳之下了。

郑振铎应该是无数次看到过燕子，听过它的声音，有过很多次看到燕子归来的欣喜。

城市中大部分的泥土地在水泥覆盖之后，会再加上方块瓷砖或者是历经多年仍会在日晒时散发出气味的塑胶。高耸入云的楼，为的是塞进更多的人。没有屋檐的高楼，让燕子找不到回家的路。挖土机不辞疲倦地挖掘，乡村在不断消失。

"燕子归来寻旧垒。"没有屋檐、没有厅梁的住房，让燕子如何还能识得旧巢泥?

春分后五日,雷乃发声。再五日,始电。三月二十六日,雷真的发声了。下午四点半,雷有些吞吞吐吐地在天空发声。雨点滴滴打在叶上、雨棚上,像稀落的掌声。雷温和地絮叨着。下午五点零六分,一道不易察觉的闪电掠过天空。几分钟后,两道闪电相携而来。雨越下越大,放学的孩子、下班的大人,忙忙地往家赶,没有人想在太暗的光线下,听雷的露天讲话。

春分画蛋

"春分到,蛋儿俏。"春分竖蛋的习俗起源于四千多年前。把鸡蛋大的一头朝下,尖的一头朝上,两手扶住鸡蛋,先稳住,再慢慢放开。竖蛋时大头朝下,重心会比较低,就像不倒翁一样,容易保持平衡。我在家里练习了多次,从未成功。三年级的孩子竖蛋,恐怕蛋未竖好而先磕破。我的担心并不多余,上课时讲到"春分竖蛋",还未听我讲完,几个动作敏捷的已将蛋的底部一磕,"噢,竖起来了"。所幸,他们带的是煮熟的蛋。

这天的自然笔记,就画在蛋上了。

春分时节,小雨滴滴滴,桃花朵朵开。柳树的每一根辫子上,都有密密的小绿结。梅树新叶满枝。燕群飞向柳枝,只是彭楚唯想象中的情景。

五彩的蛋摆满桌，给蛋照完相后，孩子们就着急地把蛋壳剥下，把蛋给吃掉了。当然还有那没开始画就已把蛋吃掉的，他们"担心"蛋会"坏掉"。

春分 下

花儿与虫虫

一候，玄鸟至
二候，雷乃发声
三候，始电

"每一个孩子的表达方式都不相同，自然笔记滋养着孩子的个性，
让他们长成独立的个体。"

可爱深红爱浅红

饱受离乱之苦的老人，在浣花溪畔建成草堂，于半生之后，有了自己的安身之所。正是春天，独步寻花。

黄师塔前江水东，春光懒困倚微风。

桃花一簇开无主，可爱深红爱浅红？

"蜀人呼僧为师，葬所为塔"，黄师塔前的江水向东流去。僧亡塔在，江河万古流。个体的生命只是时光长河中的一滴水。这其中有淡淡的愁，但并不悲怆，含蓄平正的"上平一东"韵，定下了情绪的基调。年逾半百、半生坎坷的诗人杜甫，对人生之苦辣悲欢，已安之若素。

融融春光中，不觉困倦，且倚微风。"倚"，上声的缠绵与回旋，将诗人与春光融为一体。

桃花一簇，绽放塔前。主人已逝的寂寞之歌，轻轻唱响在深红与浅红里。"一""簇"皆为入声，短音顿挫里，满枝密密的桃花凸现。

"可爱深红爱浅红"，两个"爱"，两个"红"，饶有兴味，回旋摇荡，久久不散。

暖暖的春风，闲散的时光，但生命已难以飞翔。岁月的沧桑如一方镇纸，轻轻压住春天的深红与浅红。

鲁道夫·斯坦纳说，一个人用诗歌来展示他的内在，另一个人读到他的作品，就等于在他自己同样深邃的内在当中与诗歌的作者相遇。

该如何让孩子与杜甫相遇？回到诗歌本来的声音，吟诵起来。在校园深红浅红的桃花里，且感受这份欢喜。至于其中的人生况味，等待它在孩子未来生命中的成长。

一直觉得，吟诵对孩子具有疗愈的作用。吟诵让孩子体验到在今天的生活中几乎不会出现的极慢的速度。吟诵，是孩子在不断加速的世界中找到的坚固稳定的锚。而今天，孩子们在微风里的轻轻吟诵，让我悟到，吟诵除了让我们慢下来，也让我们变得温软。坚硬的层层包裹的壳渐渐剥落。声音中的刚硬、斩钉截铁，转向了柔和。吟诵在软化我们的声音，也让我们的眼神与心灵不再飘浮，变得沉静。

花儿与虫虫

春分时节校园东边的两棵晚樱开花了，粉嫩的花瓣挤挤挨挨。六年级女生扶着树干在拍照。小池边的紫藤在架上开出紫色的花。一只肥大的黄蜂正卧在花上。黄色的小蜜蜂、白色的小蝴蝶在花园里飞去又飞来。

以"花儿和虫虫"为主题，孩子们在校园里进行观察。当孩子们走进自然的时候，我没有打扰他们，更没有喋喋地讲授。这一刻，是孩子与自然的私语之时。

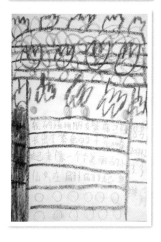

"一大团蝌蚪围在一起，远看好像在开会，近看又好像在吃麻辣，好好笑啊！我们还看见了很多水黾在游动。地上的小不点儿在慢慢爬动，原来是蚂蚁。"（刘沐阳）

"紫藤花娇羞地低下头，原来，蜜蜂来'挠痒'了！"（王采毅）

"小蝌蚪们在池里快乐地游着，它们有的在聊天，有的在开欢乐会，有的在欢迎小鱼的到来。"（罗欣怡）

"小桃树又穿上了粉衣服，引来了可爱的小蜜蜂来看自己的食物够不够。"（王怀絮）

"池塘中央的假山上，一只青色的蜘蛛在阳光下舞着八条腿，忙着织网。一只鲁莽的苍蝇撞在网子上，拼命挣扎。蜘蛛用丝缠苍蝇，缠得苍蝇不能动为止。"（吴御田）

"动物们走出家门，到处串门了。水黾在水面上轻轻地划动。它们划水的动作可真好看。"（李一苇）

"我的植物朋友紫藤已经长出了紫色的小花，在风中看起来像一个个美丽的小仙女在翩翩起舞。"（游宇翔）

孩子们在感受着大自然的美，并尝试着用文字和图画表现出来。每一个孩子的表达方式都不相同，自然笔记滋养着孩子的个性，让他们长成独立的个体。对于大班、群体化的孩子来说，自然笔记成为孩子与自然、与个性化的自我对话的通道。

清明

qingming

上

肃穆光明的世界

一候，桐始华
二候，田鼠化为鴽
三候，虹始见

"感受阳光，感受清风，感受春天不冷不热的气温给予人的
舒服感受，感受身体的全然放松。"

| 故事的光

"清"，声符为"青"。"一行白鹭上青天。"青色，让人感到清净。

"明"，"在天者莫明于日月"，天上没有什么比太阳和月亮更明亮了。我们的祖先在创造"明"字的时候，让"日""月"相依，交放光辉。

清明之日"桐始华"。后五日"田鼠化为鴽（rú）"。田鼠，属阴；鴽，鹌鹑之类，属阳。古人认为，阳气盛，喜阴的田鼠不见了，回到洞中。再五日，"虹始见"。日穿雨影，阴阳交会，虹始见。虹总在新雨后出现，因为新雨后的天空最为洁净。高楼上的避雷设施，虽避免了雷击灾害，也减少了雷电激荡，减少了雷电对天空的净化，所以我们越来越难以见到彩虹。随着高楼的日渐增多，以及对于楼层"世界高度"的追求，彩虹的出现，愈来愈少。

四月五日，清明。三天的小长假之后，我给孩子们上课，讲《清明节的故事》。

前后环衬，黑底上是细密青翠的松针。庄严的氛围中，我开始讲述。为了晋公子重耳，介子推不惜割肉奉君。十九年颠沛流离，只为晋国能有一个清明的国君。不求封赏，只愿君王"勤政清明复清明"。与母亲一起抱柳死于大火之中，只为保存清正的气节。介子推一生所追求的，是一个清明的世界。

冬至后一百零五天为寒食，这是个早已失传的节日。寒食源于古人初春禁火，另钻木取新火之制。古人钻木取火，且不同的季节用不同树木。寒食断火三日，只吃冷食，以迎新火。寒食后为清明。"清明"因为介子推的传说而有了道德含义。清明节的传说，寄托了我们民族的价值观。

对于孩子来说，故事的力量，比长篇大论的说教来得真实，故事帮助孩子以具体可感的方式来理解道德概念与普世价值观。这些意象，这悲伤肃穆的氛围，将在孩子未来的生活中苏醒，并引发孩子在未来真正的思考。

古老的故事，在对孩子说话。孩子需要从远古的民俗故事，从有智慧的人们那里，吸收关于生命的思考。故事以艺术的方式，编织着孩子精神的家园。

明年的清明节，我还会给孩子们讲《清明节的故事》。不断重复的故事，会成为孩子精神世界中经久不息的旋律。如鲁道夫·斯坦纳所言，孩子在青春期之前，尚未准备好接受以生涩和未经消化的形式所提供的知识。故事如光，照亮孩子前行的路。

留存于身体的记忆

"清明"是二十四节气中最特别的一个，既有扫墓缅怀逝者的肃穆，也有踏青、荡秋千、放风筝等享受气清景明的生之欣喜。

扫墓风俗始于东汉建武十年（公元34年），由光武帝刘秀倡始。皇帝真正下诏扫墓，则在七百年后。开元二十二年（公元734年），唐玄宗诏令，寒食上墓，祭奠先人。

清明小长假，孩子们大多随父母一起去扫了墓。摆上供品，点燃香烛，烧些纸钱，放一挂鞭炮，磕几个响头，这些是孩子们的记忆。

清明为三月节。阳春三月，鲜花竞放，姹紫嫣红，正是"游遍芳丛"的时候。校园里，清风和畅，桃花、樱花飘落如雨。

五个孩子带来了风筝。全班分为五组，到操场上去放风筝。一个孩子托举风筝向前奔跑，拿着线轴的孩子在后面跟着，一群孩子在为风筝使着劲，恨不能化成一阵风，让它扶摇直上青天。看，一只风筝飞起来了，孩子们的欢笑让风筝越飞越高。但它偏偏与旗杆交缠在一起，一头栽了下来。唉！孩子们齐声长叹。

第二只、第三只，几只风筝在操场的各方或低或高地飞了起来。放风筝的孩子是一个，追着风筝跑的是一群。

感受阳光，感受清风，感受春天不冷不热的气温给予人的舒服感受，感受身体的全然放松。这是留存在身体中的记忆。

在过度强调智力、静坐过多之时，让孩子们跟随季节变迁体验生活，感受每一个节气的美好。身体的自由感觉，将成为未来自由意识的重要根基。我们不能想象一个被束缚的身体能拥有自由的灵魂。

梁实秋先生深谙放风筝的乐趣，他在《雅舍小品》中描述道："放风筝时，手牵着一根线，看风筝冉冉上升，然后停在高空，这时节仿佛自己也跟着风筝飞起了，俯瞰尘寰，怡然自得。"

清明 下

与自然一同呼吸

一候，桐始华
二候，田鼠化为鴽
三候，虹始见

"与一种植物一同呼吸，一起走过春夏秋冬，
大自然将以最生动的方式给予孩子生命的感悟。"

发现万物的关联

纷纷的雨里，给孩子们朗读《科瓦奇讲天文与地理》中《水的力量及影响》一章。

> 想象一块大石头，上面布满了细小的裂缝，就跟其他岩石一样。下雨的时候，雨水填满了裂缝，当寒冷的冬天来临时，裂缝里的水就冻结成冰。当水结冰时，水的体积会膨胀变大，这是一种奇妙的现象，而且有着巨大又无法阻挡的力量。这一股力量可以将裂缝撑大。夏天时冰会融化，但裂缝迟早又会再次结冰，这些步骤重复多次之后，裂缝变得越来越大，使一小部分的岩石崩落了下来。你可以在山里的碎石陡坡上，找到这类散落的小石头。水的结冰与融化造就了这些碎石。

其实不完全是朗读，孩子与我的呼应，让裂缝如何越来越大、碎石是如何形成的过程，由声音转为脑海中流畅出现的画面。

然后，讲水的载歌载舞，如何成就圆润的鹅卵石，再讲到沙子、泥土、海滩以及肥沃的土壤。以水为纽带，山脉、土地、植物的生长与人类的生存联系在了一起。整体地去感知世界，而不是支离破碎地去了解，让孩子看到世界万物的关联。他们的胸怀会由此变得开阔，并能以生动而非机械、死板的方式来欣赏这个世界。

情感的连接

看看孩子们在这段时间观察到了什么。

"桃树最近情绪低落，因为它的花儿全部谢了。呜，呜，呜……"（范芮萌）

"今天又是一个阴天，莫名其妙，蝌蚪全死了。一种伤心涌上我心头。柳树轻轻哭泣着。她的长发在风中飘着。"（胡靖凡）

感同身受的记录，源自与植物紧密的连接。孩子如何与自然、与世界建立健康的关系？情感是最温柔也是最坚固的纽带。与一种植物一同呼吸，一起走过春夏秋冬，大自然将以最生动的方式给予孩子生命的感悟。

谷雨

GUYU

春将尽

一候，萍始生
二候，鸣鸠拂其羽
三候，戴胜降于桑

"声与情谐，音与境会，诗律最微妙细腻之处，
在吟诵的声音里显现出来。"

🌿 | 节气的韵律

四月二十二日，开课伊始，我便问孩子们："我们在什么时候已悄悄进入了哪个节气？"

一大半的孩子举起了手。这些举起的小手，如小船上鼓起的风帆。这条小船，正行驶在节气的韵律之河中。

"四月二十日，谷雨。"

外在的显示源自内在的变化。这些之前连公历日期都懒于去了解的孩子，在一段时间的浸润之后，已经开始主动关注节气。

"谷雨之日，萍始生。谁看到过萍？"

很多孩子看到过。

"萍是绿色的。"

"它的叶子小小的。"

"它长得非常快，很快就可以布满整个池塘。"

"'浮萍一道开'，就是这个'萍'"。

孩子们不知道的是，"萍"因随水而流，漂荡无根。有根的孩子，才不会成为漂萍。

"谷雨后五日，鸣鸠拂其羽。"

之前给孩子们讲过"鹰化为鸠"，他们很快悟到，布谷鸟在声声鸣叫。

"布谷鸟的歌声在田野上回荡，它想告诉人们什么？"

没有听过"布谷布谷"的孩子，与田野和大地完全疏离的孩子，怎么答得出？

"声声'布谷'，是布谷鸟在提醒人们，春天快要结束了，要抓紧时间播种啊！"

"再五日，戴胜降于桑。戴胜，又称鸡冠鸟，它的头顶有长长的毛。这个时候，鸡冠鸟会落在桑树上。养蚕的时候到了。"

说到养蚕，孩子们就兴奋起来了。

"小的时候，老师也养过蚕，而且不止一次。每年到了养蚕的时候，班上就热闹起来。有同学会将去年留下的蚕卵带到学校来，用剪刀把粘满细细的黑色蚕卵的废作业纸剪成几块，分给没有蚕卵的同学。为了让蚕早一点孵出来，有的同学会想出一些绝招。猜猜，她会怎么做？"

"她会把蚕卵掰开。"

马上有同学斥其"拔苗助长"。

"她会把卵放在怀里。"

孩子的心都是一样的。侯景程的话，把我带回小镇上的那间小教室。我吃惊地看到，我的同学竟然把蚕卵放在了她的两层裤子中间，用自己的体温来促进孵化。我担心着老师叫她起来回答问题该怎么办；还担心上课的时候，她的蚕突然钻出来了该怎么办。她的蚕，黑色的瘦小的蚕，比我们的蚕都早些出来。

春将尽未尽，吟一首《江南春》。

千里莺啼绿映红，水村山郭酒旗风。

南朝四百八十寺，多少楼台烟雨中。

千里江南，莺啼而绿映，水村山郭酒旗招展。尘世的艳丽无边在"上平一东"韵的宽洪中铺展。南朝寺院，多在山水胜处，第三句，由红尘万丈转到深邃梵宇。"四百八十寺"均为仄声，五个仄声连用，突出寺庙之多。第四句，两个柔和的上声字，五个舒缓的平声字，让人的心在空蒙烟雨中得到安顿。声与情谐，音与境会，诗律最微妙细腻之处，在吟诵的声音里显现出来。

"南朝四百八十寺，多少楼台烟雨中。"反复的唱叹中，我们知道，在春的最后一个节气里，她握着我们的手渐渐松开了。

春，将告别了。

立夏

DIXIA

敲开夏天的门扉

一候，蝼蝈鸣
二候，蚯蚓出
三候，王瓜生

"自然笔记对于儿童的深层意义，是帮他们打开自己的感官，用灵魂与自然对话，读懂大自然，也读懂我们自己。"

夏者大也

"夏"的本义是"人"。甲骨文是一个人的侧面：头、发、眼、躯干、手、足俱全。"夏"双手伸展，强而有力。夏，是威武雄壮的中国人。而在孩子们的眼里，这个有三根头发的人的形象，好像三毛。

金文，其上为"头"，中间为"躯干"，两侧为"手"，其下为"足"，实际上就是"人"形。小篆也为"人"形，但人的身躯部分没有了，一只大脚还在。到楷书，完全看不出人的形象了。

白川静先生认为，"夏"是头戴歌舞之冠，伸展两袖，迈步向前的歌舞者之姿。"夏者大也。"他认为"夏"之所以含"大"义，大概是此类歌者脸庞宽大、身材高大。

"夏"作为季节之名被使用，初见于春秋时期的金文。

我先和孩子们一起回顾春季的节气：立春、雨水、惊蛰、春分、清明、谷雨。

公历五月五日至七日，太阳到达黄经四十五度，是中国传统二十四节气的立夏。从立夏开始，进入一年中第二个季节——夏季。

立夏时节，万物繁茂。立夏三候，一候蝼蝈鸣，二候蚯蚓出，三候王瓜生。蝼蝈在田间鸣叫，蚯蚓出来掘土，王瓜的藤蔓开始快速攀爬生长。从这一天开始，天气炎热起来。

周朝时，立夏的这一天，皇帝和文武百官会穿上红色的衣服，佩上红色的玉，坐上红色的马车，连马车上的旗帜也是红色的。孩子们感觉，浩荡的赤色人马，让人看了都觉得热。我们的祖先用浪漫的方式，迎接着夏天的到来。"多插立夏秧，谷子收满仓。"立夏前后，正是插秧的好时候。司徒等官分赴各地，勉励农民夏季耕作。

桑叶与"大胃王"

农民用插秧迎接夏天。

孩子们用什么来迎接夏天？

养蚕。

向怀谨的自然笔记中出现了日历，日历中的五月六日圈了一个圈，并标注了"立夏"。"前天，它已经长得很胖了。今早九点，吃完一片小叶子后它吐了丝，把自己网住了，之后再没吃过桑叶。九点四十五它快速吐丝，马上就不动了。"

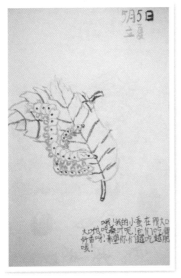

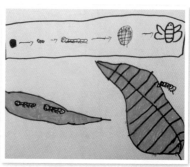

山荆天. 它长得很胖那. 今天我发现它吐
一个小好后吐了丝, 把自己缠住了, 过后再没吃过
桑叶. 还有的好像准备羽化了. 9:45分快绿上些
了. 快下课了.

5月5日
立夏.
2014.5月6日. 星期二 睡睡觉 爬行 23.3-3

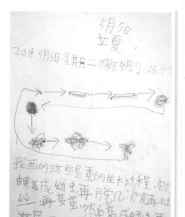

我画的这些是蚕的生长过程, 它从
卵变成幼虫, 再一点点几次蜕皮, 再吐
丝一再变蛹, 然后变成蛾子再
交尾, 再产卵, 然后死亡, 这是
一个生命的轮回.

我一共有4条蚕

日历中标注节气的小圆圈，是孩子们不再依赖老师，靠自己敲开了节气的门扉。古老的节气与现代的孩子有了关联。

蚕"大口大口"地吃桑叶，蚕吃桑叶的时候头"摇摇摆摆"的。孩子们心甘情愿地楼上楼下跑几个来回，只为给"大胃王"采来桑叶。

胡舒晴用图画展示出蚕的生长过程，一如我们在科学类书籍中所看到的一样。

当"生命的轮回"出现在一个九岁男孩的笔下，并图画般呈现时，我的心，好像被猛地撞了一下。

正如《斯坦纳给教师的实践建议》中所言："关于永生，没有任何概念可以教给不到十四岁的孩子们。但是我可以说：'看这个蛹，它是空的。里面曾经有只蝴蝶，但它飞走了。'我还可以演示昆虫的变态是如何进行的……你们不应让自己错误地认为，这一切都只是做作的比喻，不是真的；这是神圣的宇宙秩序呈现给我们的一个事实，这些东西不是智力编造出来的，如果我们面对这些东西有一个正确的态度，我们就会相信，事实上，大自然给我们提供了各种比喻，让我们认识魂和灵的真相。"

自然笔记对于儿童的深层意义，是帮他们打开自己的感官，用灵魂与自然对话，读懂大自然，也读懂我们自己，从而在这个善变的世界中，找到自己的归属。

我的自然笔记

2013年6月1日　农历四月二十三　下午3:20　气温26℃左右
辣椒秧叶上残留着上午下阵时的雨水。

　　辣椒是在一个多月前我下的。婆婆从庄稼地里拿来辣椒秧，用功履较强的说用
小挖钎在已往锄松的地上挖出小洞，将秧子栽在小洞里，盖上泥土。天天勤浇水，上午
一次，下午一次，待辣椒秧在泥土里活过来，就可以泼粪了。泼粪已是一周后的事了，隔
天隔一次粪。我们家浇菜泡就在菜园里，泼粪很方便。

　　今天上午，婆婆要她的小儿子，我的老公两元，到邻居家担来一担很鲜、很肥沃的
猪粪。婆婆要两元在菜桶里兑了一些水，说，这样兑下去的粪，就不会在太阳天里烧坏一
层光。

《 为辣椒秧施肥 》

6 月 1 日 │ 农历四月二十三 │ 下午 3:20 │ 气温 20℃左右

辣椒叶上残留着上午下雨时的雨水。

辣椒是在一个多月前栽下的。婆婆从廖家坪买来辣椒秧，用好像孩子玩具的小挖铲在已经锄松的地上挖出小洞，将秧子栽在小洞里，盖上泥土。天天勤浇水，上午一次，下午一次。待辣椒秧在泥土里活过来，就可以泼粪了。泼粪已是一周后的事了。隔天泼一次粪。我们家的粪池就在菜园里，泼粪很方便。

今天上午，婆婆要她的小儿子，我的老公丙龙，到邻居家担来一担很黏、很肥实的猪粪。婆婆要丙龙在粪桶里兑了一些水，说这样浇下去的粪，就不会在太阳天里结成一层壳。

2013年6月1日　农历四月二十三　下午18:01　气温15℃左右

再过四天，6月5日，芒种。

秧田里，有人在抛秧。抛秧的人已经很少了。抛出的秧，会"自己"转过身。不过，勤快些的人会秧田里，秧早已种下，长得葱葱而绿，也有的，已荒青。

下午，稀疏的雨，时停时下，时下时停。我打着伞，画完了菜瓜秧。除了雨点，一直陪伴我的，还有远处远处的鸟叫，池塘里即只青蛙，"呱—呱—呱"。

暮色渐渐降临。儿子打开前院小门，等候在笼门边的鸡进来。噼里啪啦入鸡附了。调皮的儿子在放刮炮，母鸡"咯咯咯"的，轻声抗议。

气温渐降，背有凉意。我回屋加衣，再坐在菜园里时，雨又毫不留情地下起来了。

菜瓜叶叶脉极其复杂，不过，画完以后，觉得极其满足。

极有意思的是菜瓜的那根佳绿的细细的蔓。它最开始的时候是向左的，可等我把叶子画完，突然惊觉，菜瓜蔓已向右斜伸。更奇的是现在，我抬眼看它时，它又回到了左边。

《 奇妙的菜瓜秧 》

再过四天，六月五日，芒种。

秧田里，有人在抛秧，插秧的人已经很少了。抛出的秧，会"自立"于田中。不过勤快一些的人的秧田里，秧早已种下，密而绿。也有田，正荒着。

下午，稀疏的雨，时停时下，时下时停。我打着伞，画完了菜瓜秧。除了雨点，一直陪伴我的，还有近处远处的鸟叫，池塘里那只青蛙，"呱——呱——呱——"。

暮色渐渐降临。儿子打开前院的门，让候在院门边的鸡进来。鸡们准备入鸡埘了。调皮的儿子在放刮炮，母鸡"咯咯咯"的，轻声抗议。

气温渐降，背有凉意。我回屋加衣，再坐在菜园里时，雨又轻轻悄悄下起来了。

菜瓜叶的叶脉极其复杂，不过，画完以后，觉得极其满足。

极有意思的是菜瓜的那根绿绿的细细的蔓。它最开始的时候是向左的，可等我把叶子画完，突然惊觉，菜瓜蔓已向右斜伸。更奇妙的是现在，我再抬眼看它时，它又回到了左边。

2013年6月1日 星期六、阴有小雨 气温20℃左右 感觉很舒适

幼鸟如小鸡，"zizizizi"，叫声密集如小雨。大鸟叫声像鹭鸶，dore-dore，叫一两声
后有短暂的间歇。夜晚青蛙们合唱已止息，池塘里的一只蛙，好像候哨里有痰，不时
　　　　　　　　　　"咔咔"的地"咔"一声。空气里弥漫
　　　　　　　　　　着豆苗和草叶堆烂的清香
　　　　　　　　　　和美的味道。

　　这是婆婆在三天前栽下的葱。
　　婆婆说，把园里的葱拔出，剪掉上面饱含葱香的一段，只留一小截，再将根须也
剪掉一部分，最后把葱浅浅地种到搂得松松的土里。
　　婆婆说，搞了一个上午，说她腰还有些痛。
　　移栽后的葱，会长得更好。

❰ 移栽后的葱 ❱

6 月 1 日 ｜ 农历四月二十三 ｜ 阴有小雨 ｜ 气温 20℃左右

　　幼鸟如小鸡，"叽叽叽叽"，叫声密集如小雨。大鸟叫声嘹亮，"dore-dore"，叫一两声后有短暂的间歇。夜晚青蛙的合唱已止息，池塘里的一只蛙，好像喉咙里有痰，不时响响地"咕"一声。空气里弥漫着玉兰树枯叶燃烧的清香和粪的味道。

　　这是婆婆在三天前栽下的葱。

　　婆婆说，把园子里的葱拔出，剪掉上面绿色的葱管，只留一小截，再将根须也剪掉一部分，最后把葱浅浅地种到挖得松松的土里。

　　婆婆说，插了一个上午，现在腰还有些痛。

　　移栽后的葱，会长得更好。

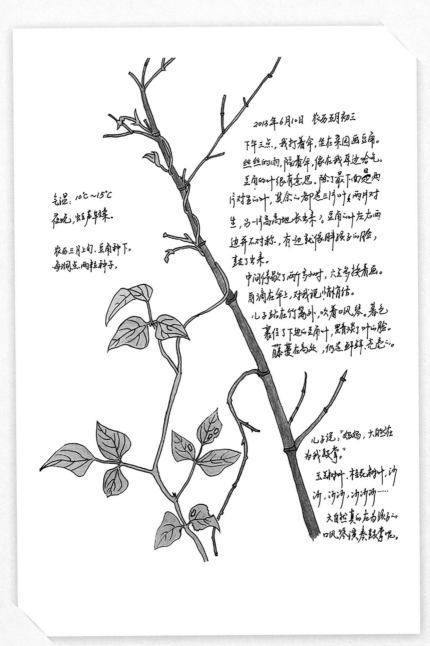

2013年6月10日 农历五月初三

下午三点，我打着伞，坐在菜园画豆角。
丝丝的雨，隔着伞，像在我耳边哈气。
豆角的叶很有意思。除了最下面是两
片对生的叶，其余都是三片叶。两片对
生，另一片高高地长出来。豆角的叶左右两
边并不对称，有边就像胖孩子的脸，
鼓了出来。

中间停歇了两三小时，又上午接着画。
雨滴在伞上，对我说悄悄话。

儿子站在竹篱笆外，吹着口风琴。暮色
裹住了下边的豆角叶，点染了叶的脸。
藤蔓在高处，仍是鲜鲜亮亮。

气温：10℃～15℃
夜晚，蛙声阵阵。

农历三月上旬，豆角种下。
每洞点两粒种子。

儿子说："妈妈，大自然在
为我鼓掌。"

玉珠花叶，挂花树叶，沙
沙、沙沙、沙沙沙……

大自然真的在为我的
口风琴演奏鼓掌呢。

《 豆角叶之趣 》

6 月 10 日 | 农历五月初三 | 下午 3:00

农历三月上旬，豆角种下，每洞点两粒种子。

下午三点，我打着伞，坐在菜园画豆角。丝丝的雨，隔着伞，像在我耳边哈气。豆角的叶很有意思。除了最下面是两片对生的叶，其余的都是三片叶（两片对生，另一片高高地长出来）。豆角的叶左右两边并不对称，有一边就像胖孩子的脸，鼓了出来。

中间停歇了两个多小时，六点多接着画。雨滴在伞上，对我说悄悄话。

儿子站在竹篱外，吹着口风琴。暮色裹住了下边的豆角叶，黯淡了叶的脸。藤蔓在高处，仍是鲜鲜、亮亮的。

儿子说："妈妈，大自然在为我鼓掌。"

玉兰树叶、桂花树叶，沙沙、沙沙、沙沙沙……大自然真的在为孩子的口风琴演奏鼓掌呢。

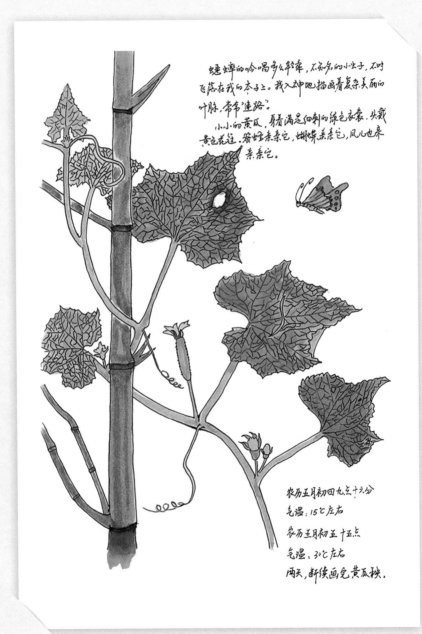

蝉蝉的吟唱多么轻柔，不知名的小虫子，不时飞落在我的本子上。我入神地描画着复杂美丽的叶脉，希望"进路"。

小小的黄瓜，身着满是细刺的绿色衣裳。头戴黄色花冠。蜜蜂亲亲它，蝴蝶亲亲它，风儿也来亲亲它。

农历五月初四九点十六分
气温：15℃左右
农历五月初五十五点
气温：30℃左右
两天，断续画完黄瓜秧.

《 招蜂引蝶的黄瓜秧 》

6 月 11 日 ｜ 农历五月初四 ｜ 上午 9:16 ｜ 气温 15℃左右

　　蟋蟀的吟唱多么轻柔，不知名的小虫子，不时飞落在我的本子上。我入神地描画着复杂美丽的叶脉，常常"迷路"。

　　小小的黄瓜，身着满是细刺的绿色衣裳，头戴黄色花冠。蜜蜂亲亲它，蝴蝶亲亲它，风儿也来亲亲它。

6 月 12 日 ｜ 农历五月初五 ｜ 下午 3:00 ｜ 气温 30℃左右

　　两天，断续画完黄瓜秧。

2013年6月15日 上午10:15 太阳热辣
29℃～31℃ 鸟儿叫声嘹亮。
比蚂蚁还要小的你多向小虫子，叮了我的脚，
痒而痛，太阳晒热了我的脸。

现在正是吃茄菜的季节，湖南人喜欢用茄
菜炒大蒜，用茄菜焖皮蛋。今天我们在
晚餐里，就有茄菜焖皮蛋。汤很鲜，
茄菜很软。

2013年6月14日 19:48
农历五月初七 天上新月一弯，蟋蟀曼声吟唱。
暮色模糊我的视线，蚊子们合力
将我抬出菜园。
完成茄菜最下面的部分。

﹛ 苋菜物语 ﹜

天上新月一弯，蟋蟀曼声吟唱。

暮色模糊我的视线，蚊子们合力将我抬出菜园。

完成苋菜最下面的部分。

"晴天的苋菜，雨天的蕹菜。"苋菜喜温暖，比较耐旱，夏日长得最为繁茂。苋菜按叶片的颜色分，有红（紫）苋、绿苋、彩色苋三种。苋菜有"长寿菜"之称，富含维生素 C、胡萝卜素、碳水化合物及矿物质。它能润肠胃、清热。婆婆说晒干的苋菜泡水喝能治咽喉痛，是有道理的。孩子要多吃苋菜。它比大力水手吃的菠菜含更多的铁和钙，并且更易被吸收，从而更好地促进牙齿和骨骼的生长。

鸟儿叫声嘹亮。比蚂蚁还小的不知名的小虫子，叮了我的脚，痛而痒。太阳晒热了我的脸。

小时候，看红苋的汤把饭粒染成红色是一件有趣的事。现在正是吃苋菜的季节。有时我们会把苋菜的茎和叶分开吃。今天我们的晚餐里就有苋菜煮皮蛋。汤很鲜，菜软滑。它较粗的茎切成丁后，与辣椒炒在一起，味道也是极好的。

一蔓苦瓜出篱来　毛笔，红它左右

2013年6月15日 上午11:00 画完竹篱

上午11:42 我打看到№峰想画苦瓜叶

时，发现叶子全被晒蔫了。在青的

采地奉起下来。

下午16:05 燥热的天猫…下摔上市了，

风刮起来。叶心又挺延了胸腔。

最难画的永远是一片叶。

苦瓜∾叶好美，苦瓜∾叶也好画，

两花平始地邪·维五五村心枯叶。

枯叶∾绝缝心香里，画完一片·两片.

三片叶。

《 一蔓苦瓜出篱来 》

6 月 15 日 | 农历五月初八 | 上午 11:00 | 气温 32℃左右

画完竹篱。

上午 11:42

我打着太阳伞想画苦瓜叶时，发现叶子全被晒蔫了，无精打采地耷拉下来。

下午 4:05

燥热的天猛一下拉上帘子，风刮起来。叶儿又挺起了胸膛。最难画的永远是下一片叶。苦瓜的叶好美，苦瓜的叶好难画。丙龙开始烧那一堆玉兰树的枯叶。枯叶燃烧的香里，画完一片、两片、三片叶。

2013年6月22日 农历五月十五 上午8:22 桃花庄居

闷热。一大早就如坐在蒸笼里一般。痘杯心闷与热，长沙已连续
使了二五六天。茄子树很高，叶肥却超大。有片叶，已被虫子啃得千疮百
孔。蚂蚁在紫中往绕而走上，爬上爬下。茄子树不远处是临时搭建
的鸭舍，小鸭子们吃饱了，发出来似乎小嘴叽叽叽声。

茄子叶大如芭蕉。

下午14:21 从空调房里出来，本以为又是酷热难耐。谁想到，天竟然
阴下来了，且有丝丝凉得心冻快。起紧去茶园，连做画茄子。

下午16:09 天空积满灰色乌云，风卷起地上树叶，"呼"一下吹到台阶
边。几分钟，树叶最厄。居家，叶间汪看油绿山丘主树行行朽始起舞。大大小
小山社花林在客话。雨，下起来了。我和雨花生在阳台上看雨，赫看屏
檐住后退，再住退，雨，就这来了。

晚上20:16 儿子说：婆婆，你看，月亮。抬头见，残在灰色云里，只
微出小半边脸。好像躲在晴水墨画。抬头望，空气格外清新。

《 茄子叶大如芭蕉 》

6 月 22 日 | 农历五月十五 | 上午 8:22 | 气温 40℃左右

闷热，一大早就如待在蒸笼里一般。这样的闷与热，长沙已经持续了六七天。茄子树矮，叶片却超大。有一片叶，已被虫子啃得千疮百孔。蚂蚁在紫中泛绿的茎上，爬上爬下。茄子树不远处是临时搭建的鸭舍。小鸭子们吃饱了，发出类似于小鸡的叽叽声。

下午 2:21

从空调房里出来，本以为又是酷热难耐。没想到，天竟然阴下来了，且有丝丝难得的凉风。赶紧去菜园，继续画茄子。下午 4:09，天空积满灰色的云，风卷起地上的枯叶，"呼"一下吹到台阶边。几分钟，树叶密匝、厚实，叶片泛着油光的玉兰树开始起舞，大大小小的桂花树在絮语。雨，下起来了。我和丙龙坐在阳台上看雨，搬着藤椅往后退，再往后退，雨，飘进来了。

晚上 8:16

儿子说："妈妈，你看，月亮的脸。"月亮浸在灰色的云里，只露出小半边脸，好像一幅水墨画。院子里，空气格外清新。

南瓜藤儿满地爬

2008年6月27日 农历五月十六，早7:45 27℃左右
不到八点，阳光已照得让它今日将有发的威力。天
渐又升高了，又是酷热的一月。南瓜长长在菜园里蔓
着满满的一块，暂时还是阴凉，南瓜叶心着茎元此，
宽大的叶片好似双们的掌伸，却此，开小卿也是。棵，
小苗就玉活着我的趣儿往爬。

那门以为稍照是斜
的茎先它们一直绕绕，
只是，得聚它黑了，
看，那像黄色的南瓜
花，在我瓜它以后，
再坐回来回抛坦时，
它们在喜欢，花
就纷纷落在喜在一
起，它也给抛了，不
像上面说的抛物。

《 南瓜藤儿满地爬 》

6 月 23 日 ｜ 农历五月十六 ｜ 早上 7:45 ｜ 气温 27℃左右

不到八点，阳光已显现出它今日将后发的威力。气温又升高了，又是酷热的一日。南瓜种在菜园里最靠墙的一块，暂时还是阴凉。南瓜叶儿茂盛无比。宽大的叶是蚂蚁们的操场，当然，我的脚也是。瞧，小蚂蚁正沿着我的小腿往上爬。

我们以为植物是静的，其实，它们一直在动，只是，不易察觉罢了。看，那朵黄色的南瓜花，在我画完以后，再返回菜园拍照时，它向左歪着头，花瓣娇着地靠在一起，完全合拢了，不像之前张开的样子。

南瓜分长南瓜和圆南瓜两种。南瓜有防癌的作用，可多吃。嫩瓜一般切成丝炒着吃，老熟瓜可以煮着或蒸着吃。老熟的南瓜是孩子喜欢吃的，南瓜饼可以做点心。吃南瓜的时候，我们往往喜欢去皮。其实，南瓜皮含有丰富的胡萝卜素和维生素，而南瓜心则有相当于果肉五倍的胡萝卜素，都可充分利用。把南瓜瓤捣碎，敷在烫伤之处，可缓解疼痛。

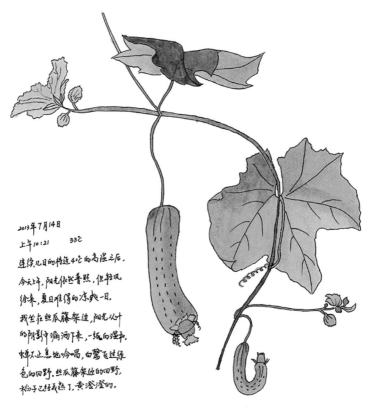

2013年7月14日
上午10:21　　　33℃

连续几日的持续41℃的高温之后,
今天上午,阳光依然普照,但轻风
徐来,夏日难得的凉爽一日。
我坐在丝瓜藤架边,阳光从叶
的阴影中洒洒下来,一纸的温和。
蛙不止息地吟唱,白鹭飞过绕
包的田野。丝瓜藤架边的田野,
稻子已经成熟了,黄澄澄的。

丝瓜成熟了

《 丝瓜成熟了 》

7 月 14 日 | 农历六月初七 | 上午 10:21 | 气温 33℃

连续几日的将近四十摄氏度的高温之后，今天上午，阳光依然普照，但轻风徐来，夏日难得的凉爽一日。

我坐在丝瓜藤架边，阳光从叶的阴影中漏洒下来，一纸的温和。蝉不止息地吟唱，白鹭飞过绿色的田野。丝瓜藤架边的田野，稻子已经成熟了，黄澄澄的。

进入七月，高温让丝瓜迅速生长。丝瓜黄色的花有五片花瓣，花萼也是五片。仔细辨认，会发现它开出的是两种不同形状的花。雌花花萼的下面会鼓起，雄花则不会。雌花的雌蕊基部会慢慢鼓起，渐渐长大后，就成了往下垂挂的丝瓜。嫩嫩的丝瓜，皮是鲜绿的，丝瓜籽白白软软的；老丝瓜的皮偏向黄色，而且越老重量会越轻，切开后，会有比较硬的筋络，水分已远不及嫩丝瓜多。每年，婆婆都会留一条最老的丝瓜，让它一直一直老，老到丝瓜籽变得黑又硬，好作为第二年的种子。也有人会把老丝瓜硬硬的筋晒干，俗称"丝瓜络"，用来洗碗。丝瓜生长在夏天是有它的使命的——它能清热利肠。

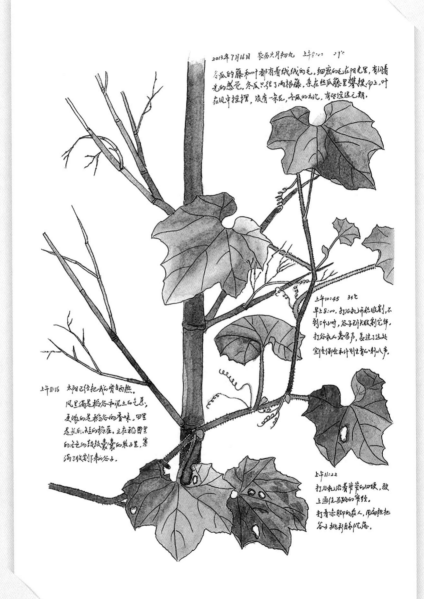

2013年7月16日 农历六月初九 上午8:00 小雨

冬瓜的藤和叶都有着线线的毛，细茸的毛在阳光里，有闪着光的感觉。冬瓜只往了两根藤，亲在丝瓜藤里攀援向上。叶在风中摇摆，波肩一亲花，冬瓜的花记，有些过了期。

上午10:45 多云

早上8:00，打谷扎开始收割，不到3个小时，谷子就大致割完毕。打谷扎的轰鸣声，急进小这些到处你地和什别生都听到八声。

上午11:16 太阳已经把我们晒的两热。
风里满是稻谷和泥土的气息，反嗅的是稻谷的香味。田里是长长的是的稻座，立在稻田里的是它的残枝柔，雪的祭谷里，装满了收割下来的谷子。

上午11:22 打谷扎张着青苍的山坡，敬上面任苏路的亲绿。
打青亲即的农人，那间把谷子挑到晒扬院落。

⟨ 冬瓜藤叶毛茸茸 ⟩

7 月 16 日 | 农历六月初九 | 上午 8:00 | 气温 29℃

冬瓜的藤和叶都有着绒绒的毛。细密的毛在阳光里，有闪着光的感觉。冬瓜只结了两根藤，杂在丝瓜藤里攀缘而上，叶在风中摇摆，没有一朵花。冬瓜的出现，有些遥遥无期。

上午 10:45 | 气温 34℃

早上八点打谷机开始收割，不到三个小时，谷子已快收割完毕。打谷机的轰鸣声，盖过了远处宣传保险和计划生育的喇叭声。

上午 11:16

太阳已经把我的背晒热。风里满是稻谷和泥土的气息，更浓的是稻谷的香味。田里是长的、短的稻茬。立在稻田里的各色鼓鼓囊囊的袋子里，塞满了收割下来的谷子。

上午 11:22

打谷机沿着窄窄的田埂，驶上通往马路的窄径。打着赤脚的农人，用扁担把谷子挑到自家院落。

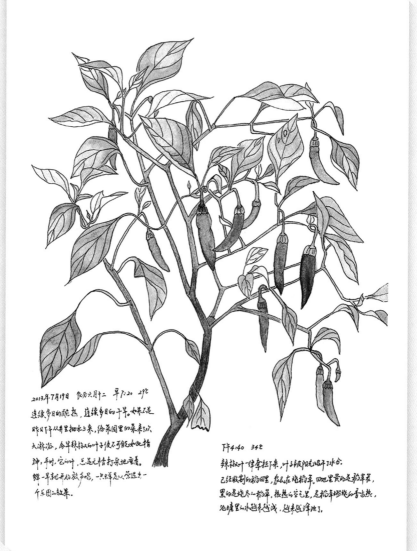

2013年7月19日　农历六月十二　早上6:20　24℃
连续多日的酷热，连续多日的干旱。女果仁是
昨晚下午从田里抱回来上来，给菜园里的采来3次
大洗浴。今年辣椒以白叶子使不了能如此特
神，平时，它的叶，总是无精打采地垂着。
　蝉一早起就开始放声唱，一只蝉忘记常送来一
千乐国之故乡。

下午4:40　34℃
辣椒叶子摔拿起下来，叶子被阳光晒干水分。
己经被收割的稻田里，放在稻稻草，回吧里黄白是稻草苦，
里的是越昏一稻草，按接点空气里，是稻草越地地白春古热，
池塘里以水越来越战，越来越浑浊池了。

《 无精打采的辣椒叶 》

　　连续多日的酷热，连续多日的干旱。如果不是昨日下午从井里抽水上来，给菜园里的菜来了次大淋浴，今早辣椒的叶子便不可能如此精神。平时，它的叶，总是无精打采地垂着。蝉一早就开始放声唱。一只蝉足以营造出一个乐团的效果。

　　辣椒含维生素 A 和维生素 C。可以发汗的辣椒，对于生活在湿冷环境的湖南人来说，重要性不亚于空气与水。湖南人爱吃辛辣的辣椒，也舍得在辣椒上花心思和气力，剁辣椒、酱辣椒、白辣椒、干辣椒，经过腌渍或晒干，同样的辣椒，有了不同的味道。没有辣椒的日子是若有所失，甚至寡然无味的。辣椒嵌入生活，也嵌入人的性格中。

　　辣椒叶一律耷拉下来，叶子被阳光吸干了水分。已经收割的稻田里，农民在烧稻草。田地里黄的是稻草茬，黑的是烧尽的稻草。热热的空气里，是稻草燃烧的香与热。池塘里的水越来越浅,越来越浑浊了。

晚上8:10 月圆，草坪，清亮的月光
照在庭院，坐在台阶
静享余凉，乡村静谧
的时候，无忧无虑，风凉
阵阵哗。

7:05 醋栗熟加上米汤，菜瓜的叶子开手没
有一片它较细，菜瓜的藤、叶上有细
纹纹的软毛，不过没有冬瓜的细毛那样
厚实。藤蔓纵横文错，在地上爬转
地爬传脆，根部十几根枝拉充，菜瓜
安静地躺卧在泥土上，还刻意要探出水出
菜瓜足圆鼓鼓的，清新，有花看着
毛的甜，口瓶瓶，脆脆的
黑明一亮，鼻鼻一闪。机掉了把菜
鸟，但这一群黑点的小吵斗拉飞的 又起
足庭的热情，但小怀，令它心空
中，但只剩一分钟，大青有些色回
了抓回，风里走来新鲜的泥土和
甜味了。

《 伤痕累累的菜瓜叶 》

7 月 22 日 | 农历六月十五 | 大暑 | 上午 7:25 | 气温 32℃

难得的阴天。蝉的歌唱淹没在犁田机器的轰鸣里。酷热加上虫害，菜瓜的叶子几乎没有一片完整的。菜瓜的藤叶上有细细的绒毛，只不过没有冬瓜的绒毛那样厚实。藤蔓纵横交错，在地上恣肆地伸展，虽然叶儿破败枯黄。菜瓜安静地躺在泥土上，还在慢慢长呢。菜瓜是用来生吃的，清新，有若有若无的甜。不用削皮，咬上一口，脆脆的。菜瓜止渴除烦，是极佳的消暑蔬菜。

上午 7:40

黑烟一喷，轰轰一响，机器开始犁田了，机器过处，惊飞了觅食的小鸟。但这一群黑色的小鸟"呼啦"又飞到田的另一角，机器打扰不了它们觅食的热情。胆小些的，会飞向空中，但不到一分钟，又大着胆子飞回了稻田。风里送来新翻的泥土的腥味。

晚上 8:20

月圆，星稀。清亮的月光照亮庭院。蟋蟀声响亮。乡村到夜晚的时候，热气已散，风儿阵阵。

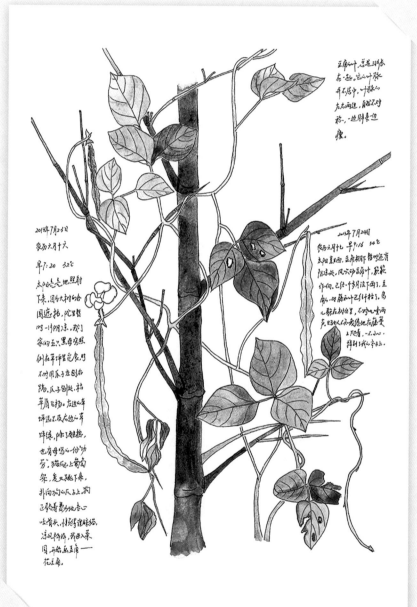

豆属叶,总是三片长在一起,它们叶脉开不居中,叶形的左右两边,都长的不对称,一边肥一边瘦。

2013年7月23日
农历六月十六
早7:20 32℃
太阳炽热地照射下来,圆的大叶片给圆底片,陀螺似的一待阴下凉。我们家的五只黑母鸡照倒在草坪里乘凉,门不时围着我左右转,瓜子剥处,枯草屑乱飞。左边小草坪温不及右边小草坪绿,除了踩蹅,也有母鸡的一份功劳。猫爬上葡萄架,又爬跳下来,扑向躲闪不及正上的我正乘着的地毯心收背头,什到得浑身痒痒,凉风阵阵,我也开始乘凉——花豆角。

2013年7月24日
农历六月十九 早7:16 30℃
太阳直射向,豆角捆下昨晚还有那波浪,风大沙沙响叶,藤蔓作响,已伏一下月法下雨,主藤心片藤角叶已开片枯了,鸟儿躲在树丛里,不时心金两声,好似人欲我德地拍海棠上不停唱,不怕小心,摔倒地丁就在等上。

《 菜园里的豆角 》

7月23日 | 农历六月十六 | 早上 7:20 | 气温 32℃

太阳亮亮地照射下来。因为大树的合围遮挡，院里暂时一片阴凉。我们家的五只黑母鸡照例在草坪里觅食，时不时用爪子左刨右踹。爪子刨处，枯草屑飞扬。左边的草坪远不及右边的草坪绿，除了酷热，也有母鸡的一份"功劳"。猫爬上葡萄架，复又跳下来，扑向狗的爪子上。狗正躺着费力地专心咬骨头，懒得理睬猫。凉风阵阵，我进入菜园，开始画豆角——花豆角。豆角的叶，总是三片长在一起。它的叶脉并不居中，叶脉的左右两边，自然不对称，一边胖来一边瘦。

湖南不仅有青色的长豆角，也有这种紫红色的。豆角含有皂苷和植物凝集素，对胃黏膜有较强的刺激作用。不过充分加热后，有毒物质就被破坏了。豆角要充分煮熟或炒熟后再吃。

7月24日 | 农历六月十七 | 上午 9:16 | 气温 34℃

太阳直晒，豆角棚下暂时还有阴凉处。风吹动豆角叶，簌簌作响。已经一个多月没下雨了，豆角的一些藤和叶已经枯了。鸟儿躲在树丛里，不时叽喳两声。蚂蚁不知疲倦地在藤蔓上爬着，一不小心，掉到了我的本子上。

2013年　公历　六月二十四
7月31日
上午11:20　38℃

蝉声长吟。
风火辣，树叶
发出"沙沙"的声
响。我能清晰
地听到枯叶被
风挟着奔逃，到
达水泥地面的摩
擦声响。坐在风
口上的我，呼风在
我的身边，呼呼一
呼呼一

《 外表任性的苦瓜 》

7月31日 ｜ 农历六月二十四 ｜ 上午 11:20 ｜ 气温 38℃

蝉声长吟。

风吹过，树叶发出"沙沙"的声响。我能清晰地听到枯叶被风挟着奔跑，刮过水泥地面的"簌簌"声响。坐在风口上的我，听风在我的耳边，"呼呼——呼呼——"。

家中几处地方种有苦瓜。池塘边的几根苦瓜藤，与冬瓜藤、丝瓜藤，还有扁豆藤，交缠在一起，只是各开各的花，各结各的果。前院的一根苦瓜藤，是无心插的柳，顺手丢下的籽粒，沿墙长出来，往上爬，叶儿片片绿，花儿朵朵黄，只是尚未结出一条苦瓜。菜园的竹篱笆上，攀缘着密密的苦瓜藤，叶叠叶，藤挨藤。菜园中靠围墙的一边，苦瓜藤沿竹枝而上，爬上围墙，又从墙上坠下几根来。

苦瓜的叶好似手掌，新叶浅绿，老叶深绿，闻一闻，一股苦味。苦瓜的花和黄瓜、丝瓜的花一样，有鲜艳的黄，只是苦瓜的花要小许多。五片花瓣中央，有橙色的花心。最初长出的苦瓜比藤稍粗一些，头上顶着比自己大些的花，好像一个人戴了顶大大的帽子。等苦瓜长大了，花会谢，即使留在苦瓜蒂上，也已枯萎皱缩，难辨原来的美丽。苦瓜呈极浅的绿色，甚至有些泛白，仿佛有玉石的光泽。苦瓜表面疙疙瘩瘩，摸上去却很光滑。苦瓜的形状没有很规则的，长长短短、胖胖瘦瘦，长得都很任性，不是这里鼓起，就是那里凹下。苦瓜过于熟了的时候，就会"发胖"，很多地方会变成橙色，这种苦瓜软，而青色苦瓜会硬很多。如果任它继续成熟，苦瓜就会"炸开"，像绽开的花，皮也软到好像已经下锅炒熟了一般。苦瓜也会散发出像叶子一般的苦味，只是要贴近了才能闻到。

苦瓜籽最初不大，是绿色的，到后来，籽粒是最初的两到三倍大，有水水的红艳。把这红色的饱满籽粒从苦瓜内掏出，晒干后收藏，就是第二年的种子。

虫子会在苦瓜上先打出一个洞，从这小洞爬到苦瓜里面去。洞的周围，往往被虫子啃得不成样，原来鼓鼓的疙瘩，都成了虫子的美食。有时从洞口往内看，可以看到被啃掉一截的籽粒。

自家种出的苦瓜，不需用盐抓出苦水。洗净，沿中间切成两半，掏出籽粒，切成薄薄的片，和新摘下的青色红色辣椒炒在一起，味道并不太苦。带些橙色的苦瓜，比青苦瓜要粉些、软些。

苦瓜二月种下，五月底六月初即能结出苦瓜。当然，土壤需要勤浇水、施肥，不然只有花、叶，而没有瓜。

苦瓜红色的籽放在阳台上晾晒，红艳艳水汪汪的外层逐渐干燥成薄如纸的皮，红色逐渐褪去。皮一掉，里面是白中有淡淡黄色的籽，籽扁平，方形的两头有小小尖尖的凸起。

第二年的二月，把籽种下，芽儿长出。六月，就又有苦瓜吃了。

拿着苦瓜籽使劲闻，只闻到我手上的洗手液的味道。

蝉声长吟，完全不觉这个苦夏的干与旱。已经有一个多月，滴雨未落。每天傍晚，便要从井里打水上来，长长的水管接到了菜园，给菜喝足水。

晚上，庭院里蟋蟀声声，不比白日的蝉声弱。天空中的星星小小的，发出弱弱的光，也有光亮大一些的，都在深蓝的天幕上。没有月亮。这个夏天，我没有看到过一只萤火虫，不知它们到哪儿去了。

2011年8月5日 农历六月十九
早8:00 38℃

风来了，叶心轻轻摇摆。头
顶上的樟树叶，发出萧萧之
声响。叶片在阳光下，与风
共舞。

太阳升起来了，远处的竹林，
大枫树，一片宁静。晨风里，
阳光照时，来去一阵凉意，
蝉声，停停，阵阵，鸟儿
们叫声，轻轻的。

《 微风吹过菜园 》

8 月 5 日 ｜ 农历六月二十九 ｜ 早上 8:00 ｜ 气温 38℃

风来了，叶儿轻轻摇摆。头顶上的樟树叶，发出簌簌的声响。叶与叶在阳光下，与风絮语。

太阳升起来了，远处的竹林、大槐树，一片光亮。菜园里，阳光暂时只待在一个角落。蝉声，停一阵，响一阵。鸟儿的叫声，轻轻的。

2013年8月8日 农历七月初二 早6:46 35℃

太阳已升起，一只小鸟，从棕榈树轻颤的枝头，轻盈
为个漂亮，再次进来园。落在菊陀间五三树上。
苦瓜藤上仍有屋居的螺风，平平和大地，沿着风叶
枯桃滑滑滑，无佳混多水。辣椒叶也行不起精
神来，此前似那架豆角，叶与藤都枯了。

2013年8月6日 晚7:20

农历六月三十 31℃

天空是浅浅的蓝，一群小小的鸟儿，飞去又飞来，
暮色如纱。宠盖菜园。围墙外，有人在烧枯草，
灰烬飘飞进园。天旱，天热，长长的野草，枯
到不剩一丝水分。

没有风，黄瓜的叶，和我玩点点十一样静。

不远处，枝花野念，一只鸭子也没有看。十四只
鸭子，一只又一只的，都没了。

大大小小的起多，包围了我。这蚂蚁，蚂蚁嗡嗡的
声音，区总奏翠的，浮动。

晚7:37 暮色模糊了我的眼睛。

❰ 暮色下的黄瓜 ❱

8 月 6 日｜农历六月三十｜晚上 7:20｜气温 37℃

天空是浅浅的蓝。一群小小的鸟儿，飞去又飞来。暮色如纱，覆盖菜园。围墙外，有人在烧枯草，灰烬飘飞进园。天旱、天热，长长的野草，枯到不剩一丝水分。

没有风。黄瓜的叶，和我画上的叶一样静。

黄瓜的花状如喇叭，分为雌花和雄花。雄花凋谢后掉落，雌花凋谢后，雌蕊的基部会继续生长，不久便长出黄瓜。

不远处，就是鸭舍。一只鸭子也没有了。十四只鸭子，一只又一只的，都没了。

大大小小的蚊子，包围了我。这个时候，蟋蟀的声音，还是零星的、温柔的。

暮色模糊了我的眼睛。

8 月 8 日｜农历七月初二｜早上 6:46｜气温 35℃

太阳已升起。一只小雀，从樟树轻颤的枝尖，跳向另一个枝尖，再飞过菜园，落在前院的玉兰树上。

苦瓜藤上结了厚厚的蛛网，干旱和虫蛀，让苦瓜叶格外憔悴。无论浇多少水，辣椒叶也打不起精神来。北面的那架豆角，叶与藤都枯了。

2012年8月9日 农历七月初三
早7:15   34℃
太阳升起，坚定果园，地地地在果园的山
一角，轻轻地抱也，没有过夜的凉意。
下午:40   38℃
炎热，干燥，仰望向心太阳，像
岁热的工人，万物在太阳心拥抱里，
满足像惬意。

⟨ 菜园一角 ⟩

8 月 9 日 ┃ 农历七月初三 ┃ 早上 7:15 ┃ 气温 34℃

太阳升起，照亮菜园。蛐蛐在菜园的一角，轻轻地唱，没有了夜晚的嘹亮。

下午 5:40 ┃ 气温 38℃

酷热，干燥。即将西下的太阳，依然热力逼人。万物在太阳的拥抱里，满是倦意。

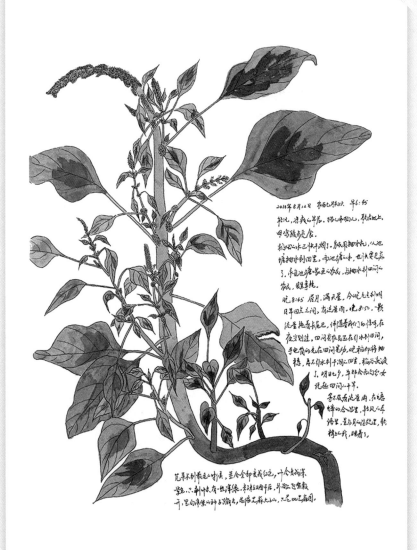

2018年8月12日 农历七月初二 早6:45

轻风，早晨凉爽尾。蜻蜓飞向前心，越来越地上。
母鸡领着觅食。

听说田心水已快干涸了。颗颗貝抽水机，从池
塘抽水到田里，布池塘塘水水，也快又见底
了。未尽池塘尽是沙地被，与地水利田间心
改改，越来越地。

晚8:45，眉月，满天星，今晚先生到明
日早回去三间，在这生雨。晚8:50，颗
颗是地声长尾尾，伴随着我们心作辈在
夜宴划过。田问有颗颗还在引水到田间，
手电筒的光在田间晃动，昨稻新将抽
穗，居石引水利千涸。四里，稻谷长满
了，明日尼乡，平郁会食的农女
记述田间四年。

苦石及有沈在高雨，左险
峰时的合总里，桃风心声
满里，昌与月心说沈昆，较
横上我，晚看了。

芘菜水到剩栽走心时候，盖食全却无栽红已，十令人诉乐
坚峰。心剂中花，有、您浑露。素林红山向千瓦，并面又无栽越
开，是向淳傈心种石瀚为，延倍工苏大心，心怎四工虚围。

《 变色的苋菜 》

苋菜长到最老的时候，茎会全部变成红色，叶会变成深紫色，只剩叶尖有一丝深绿。籽粒晒干后，外面的飞絮散开，里面深紫的种子蹦出，是像芝麻大小的，只是比芝麻圆。

8月12日 | 农历七月初六 | 早上6:45

轻风，凉爽的早晨。猫儿和狗儿，躺在地上。母鸡踱步觅食。

稻田的水已快干涸了。农民用抽水机，从池塘抽水到田里。而池塘的水，也快要见底了。承包池塘喂鱼的农民，与抽水到田间的农民，发生争执。

晚上8:45

眉月，满天星。今晚九点到明日早四点之间，有流星雨。 8:50，一颗流星拖着长尾巴，伴随着我们的惊呼，在夜空划过。田间有农民还在引水到田间，手电筒的光在田间晃动。晚稻即将抽穗，再不引水到干涸的田里，稻谷就没了。

明日七夕，牛郎会否向织女说起田间的干旱？

等不及看流星雨，在蟋蟀的合唱里，轻风的耳语里，星与月的注视里，躺椅上的我，睡着了。

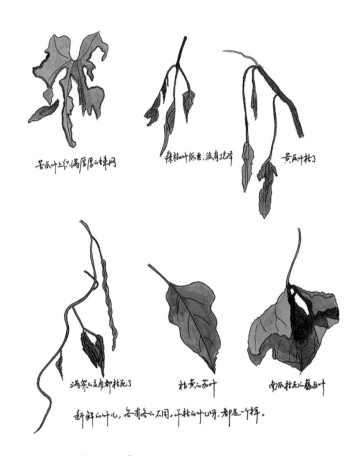

苦瓜叶上织满厚厚的蛛网

桑枝叶低垂，没有光泽

黄瓜叶枯了

海棠叶子前都枯死了

枯黄的苏叶

南瓜枯死的藤与叶

新鲜的叶儿，各有各的不同。干枯的叶心味，都是一个样。

2013年8月13日 农历七月初七 早7:11 36°

干，旱。这起自1951年以来的大干旱以来，天每天少一个底天。2013年的干旱，只有几多天，凉有几雨。今年二干旱，已持续很多天，比起又好地多。庄稼已品以在干干泥泥土上，桑枝也枯碱，苦瓜网爬碱棚架。藤心枯了，叶心黄了。婆婆今早摘下心二个苦瓜，小斗一只手起可捱住了。一干就心施肥、浇水，也救不了这一眼一眼了，桑枝也干死了，丝瓜干死了，出菜干死了，瓶瓜干死了，南瓜干死了……

〈 干枯的菜园 〉

8 月 13 日 | 农历七月初七 | 早上 7:11 | 气温 38℃

　　干，旱。这是自一九五一年的大干旱以来，更为干旱的一个夏天。十年前的干旱，只有二十多天没有下雨。今年的干旱，已持续四十多天。蚂蚁出奇地多。密密的蚂蚁在干干的泥土上，穿梭忙碌。蛛网爬满棚架。藤儿枯了，叶儿黄了。婆婆今早摘下的三个苦瓜，小到一只手就可握住三个。一早一晚的施肥、泼水，也救不了这一园的菜了。辣椒干死了，豆角干死了，韭菜干死了……

　　苦瓜叶上织满厚厚的蛛网。

　　辣椒叶低垂，没有了光泽。

　　黄瓜叶枯了。

　　满架的豆角都枯死了。

　　枯黄的茄叶。

　　南瓜枯死的藤与叶。

　　新鲜的叶儿，各有各的不同，干枯的叶儿呀，都是一个样。

尚来灿烂
已归静美

枯花记录
2013年8月14日 农历七月初八
上午8:10 38℃
闷热 无风

《 枯萎的玉米 》

闷热，无风。

枯萎的玉米，

尚未灿烂，

已归静美。

池塘边的扁豆

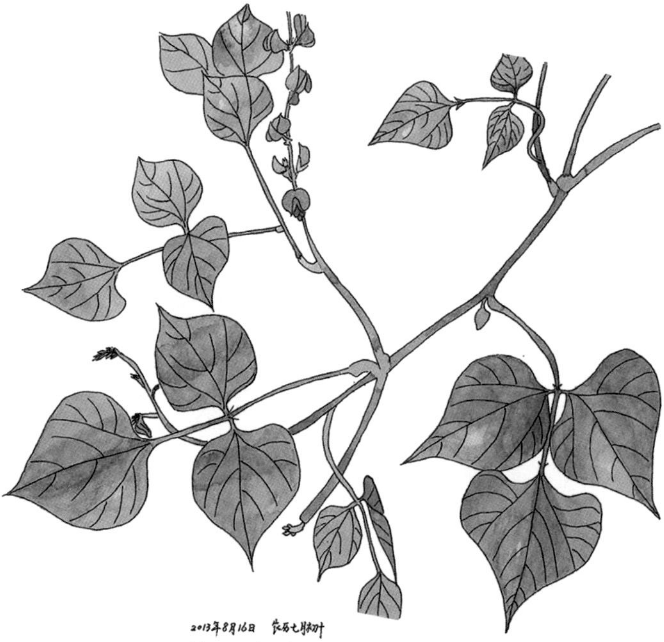

2013年8月16日　农历七月初十

上午10:00　33℃　晴

太阳没有往日热烈。

接了很长很长的管子，从很远很远的大池塘引过来的水，细细流入我家的池塘。水声悦耳啊！刚在想怎么没听到蝉声。一只蝉突然在我头上不远处，拉开了嗓子。今天是我在乡村的暑期的最后一天。吃完午饭，我们将返回城市。

《 池塘边的扁豆 》

8 月 16 日 ｜ 农历七月初十 ｜ 晴 ｜ 上午 10:00 ｜ 气温 33℃

太阳没有往日热烈。

接了很长很长的管子，从很远很远的大池塘引过来的水，汩汩流入我家的池塘。水声悦耳啊！

刚在想怎么没听到蝉声，一只蝉突然在我头上不远处，扯开了嗓子。

今天是我在乡村的暑期的最后一天。吃完午饭，我们将返回城市。

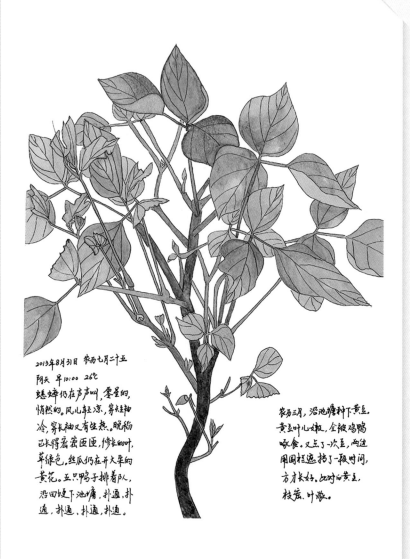

2013年8月31日　农历七月二十五
阴天　早10:00　26℃
蟋蟀仍在声声叫，零星的，
悄然的。风儿轻凉，穿娃袖
冷，穿长袖又有些热。晚稻
已长得密密匝匝，修长的叶，
草绿色。丝瓜仍在开大朵的
黄花。五只鸭子排着队，
沿田埂下池塘，扑通，扑
通，扑通，扑通，扑通。

农历三月，沿池塘种下黄豆。
黄豆叶儿嫩，全被鸡鸭
啄食。又点了一次豆，两边
用围栏遮挡了一段时间，
方才长好。此时的黄豆，
枝蔓，叶浓。

《 枝密叶浓的黄豆 》

8 月 31 日 ｜ 农历七月二十五 ｜ 阴天 ｜ 上午 10:00 ｜ 气温 26℃

蟋蟀仍在声声叫，零星的、悄然的。风儿轻凉，穿短袖冷，穿长袖又有些热。晚稻已长得密密匝匝，修长的叶，草绿色。丝瓜仍在开大朵的黄花。五只鸭子排着队，沿田埂下池塘，扑通、扑通、扑通、扑通、扑通。

农历三月，沿池塘种下黄豆。黄豆叶儿嫩，全被鸡鸭啄食了。又点了一次豆，两边用围栏遮挡了一段时间，方才长好。此时的黄豆，枝密、叶浓。

2013年9月7日 农历八月初二 白露
早6:58 草上有露水。圆圆小小的
露珠，滴溜在绿草上。没有一丝
风，叶儿静默。蟋蟀在唱，没
有夏日心清亮，多了秋风心苍。天
气凉爽了，蟋蟀也没有
那么躁了。远处有鸟一直
在叫，huo-o-huohuo,
huo-o-huohuo，浑厚，
有头鸣腔。近处一小
鸟，声音尖细。鸭舍
新来了十二只鸭子，
没有叽嘎嘎嘎，
全是咖咖咖儿，
一边叫，尾巴一边
轻轻翘动。
晚8:22 天，
青灰，无星也
无月。无风，
但清冷无比。
蟋蟀声织成
一片网心密来。
偶有主唱

的声音脆，
清亮无比。
在夜的怀抱
里，我愿是个
小小孩。

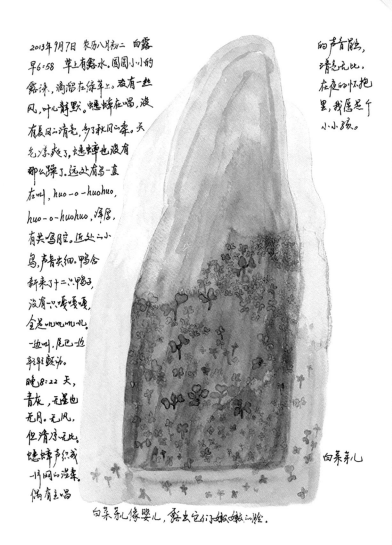

白菜芽儿

白菜芽儿像婴儿，露出它们嫩嫩心脸。

❨ 白菜芽儿的脸庞 ❩

9月7日 | 农历八月初三 | 白露 | 早上 6:58

白菜芽儿像婴儿，露出它们嫩嫩的脸。

草上有露水。圆圆小小的露珠，滴溜在绿草上。没有一丝风，叶儿静默。蟋蟀在唱，没有夏日的清亮，多了秋日的柔。天气凉爽了，蟋蟀也没有那么躁了。远处有鸟一直在叫，"huo-o-huohuo，huo-o-huohuo"，浑厚，有共鸣腔。近处的小鸟，声音尖细。鸭舍新来了十二只鸭子，没有一只"嘎嘎嘎"，全是"叽叽叽叽"，一边叫，尾巴一边轻轻颤动。

晚上 8:22

天，青灰，无星也无月。无风，但清凉无比。蟋蟀声织成一片网的温柔。偶有主唱的声音冒出，清亮无比。在夜的怀抱里，我愿是个小小孩。

2013年9月17日 农历八月十三 晴
晚8:40 狗狂吠，起身去关
前院的门。隔着门，狗的吠
叫声仍大得可怕。月光傍阳

光，晒满庭院。前几天桂花还
特别香，今天晚上已几乎闻不到
香气了。池塘里的水剩刚
够鱼活动。巨池向下深挖半
米，池塘边堆满挖出来的
淤泥。秋太长易，风心情凉，
安然浴入眠。而在城市，夜
晚闷热，没庵心润是不行的

2013年9月18日 农历八月初四
下午2:34 29℃

阳光辉煌。午后才晒晒
的床单，已经快干了。不时
寂寞地把起蜂，好午睡心
人专心眼歇。白菜一棵
挨一棵，持成一大片。我
没有勇气把这一大片白菜
画下来。它们的数量太惊
人，加之长得太密、太像，
车车使我乱了眼，所以，挑这四
棵，画下来。

白菜芽儿长大了

﹛ 白菜芽儿长大了 ﹜

9月17日 ｜ 农历八月十三 ｜ 晴 ｜ 晚上 8:40

　　狗狂吠，起身去关前院的门。隔着门，狗的吠叫声仍大得可怕。月光像阳光，晒满庭院。前几天桂花还特别香，今天晚上已几乎闻不到香气了。池塘里的水剩得刚够鱼活动。鱼池向下深挖半米，池塘边堆满挖出来的湿泥。

　　秋虫长鸣，风儿清凉，安然好入眠。而在城市，夜晚闷热，没有空调是不行的。

9月18日 ｜ 农历八月十四 ｜ 晴 ｜ 下午 2:34 ｜ 气温 29℃

　　阳光辉煌。午后才晾晒的床单，已经快干了。不甘寂寞的蟋蟀，为午睡的人哼唱眠歌。白菜一株挨一株，挤成一大片。我没有勇气把这一大片白菜画下来。它们的数量太惊人，加之长得太密、太像，常常使我看花了眼。所以，挑了这四株，画了下来。

木耳藤儿垂下来

这是木耳菜。我们从来没种过它，于是每年它都会自己长出来。它紫黑的种子落在地里，自己长出来，然后又攀附到豆角或苦瓜的棚架上，满棚满架都是。它又叫藤菜。可能是因为它滑且肥厚味道，与"青苜蓿中菜"的"菜"相似。它还叫胭脂菜。它的浆果可做染料使用。"揉取汁，红如胭脂"。它卵圆形的浆果未成熟时是绿色，成熟后为紫黑色。

木耳含粗蛋白、粗纤维、多种维生素，可润燥、清热。

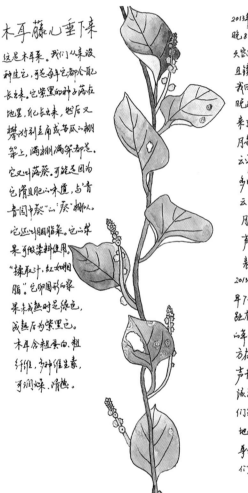

2013年9月19日 农历八月十五
晚8:00 从前院跑到后院，天空只有一堆堆成块灰友的云，且镶着乌色的边。没有月亮。我回屋了。

晚8:04 "月亮出来了，月亮出来了。"儿子在前院连声喊。月亮真的出来了。它在一堆云中露出比昨晚要小很多的脸庞，脸上衾着几绺云的彩纱，黑色的。儿子对月次口琴，发出似似号角的声音。他用持续的号声，表达他对月的欢迎。

2013年9月20日 农历八月廿六
早7:00 草上有露水，我的脚趾有触到它的清凉。附近的丛里，"蛐蛐蛐蛐"这方在唱，那方又起，有两只的声音格外响亮，它们的家在我这旁的绿篱边。我们家的鸭子也在鸭舍里不停地叫。它们羽翼尚未丰满，身体已足粗矮、壮硕。鸟儿们只为来到，叫嚷我一阵。

《 木耳菜藤垂下来 》

　　这是木耳菜。我们从来没种过它，可是每年它都会自己长出来。它紫黑的种子落在地里，自己长出来，然后又攀附到豆角或苦瓜的棚架上，满棚满架都是。它又叫落葵。可能是因为它滑且肥的口感，与"青青园中葵"的"葵"相似。它还叫胭脂菜。它的浆果可做染料使用。"揉取汁，红如胭脂。"它卵圆形的浆果未成熟时是绿色，成熟后为紫黑色。木耳菜含粗蛋白、粗纤维、多种维生素，可润燥、清热。

9月19日 ┃ 农历八月十五 ┃ 晚上 8:00

　　从前院跑到后院，天空只有一堆堆白中显灰的云，且镶着乌色的边。没有月亮。我回屋了。8:04，"月亮出来了，月亮出来了。"儿子在前院连声喊。月亮真的出来了。它在一堆云中露出比昨晚要小很多的脸庞，脸上蒙着几缕云的轻纱，黑色的。儿子对月吹口琴，发出似号角的声音。他用持续的号声，表达他对月出的欢迎。

　　次日早七点，草上有露水，我的脚趾触到了它的清凉。附近的草丛里，"蛐蛐蛐蛐"，这方在唱，那方又起。有两只的声音格外响些，它们的家应该就在我近旁的绿篱边。我们家的鸭子也在鸭舍里不停地叫。它们羽翼尚未丰满，身体已是格外壮硕。鸟儿们兴高采烈，叫嚷成一片。

131

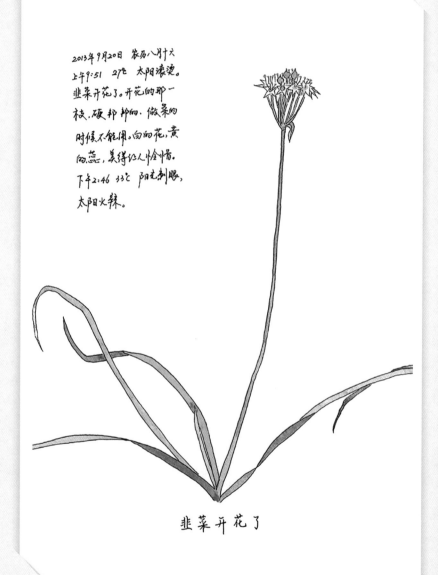

2013年9月20日 农历八月十六
上午9:51 27℃ 太阳滚烫。
韭菜开花了。开花的那一
枝,硬邦邦的,做菜的
时候不能用。白的花,黄
的蕊,美得让人恰恰。
下午2:46 33℃ 阳光刺眼,
太阳火辣。

韭菜开花了

《 韭菜开花 》

9 月 20 日 │ 农历八月十六 │ 上午 9:51 │ 气温 27℃

太阳滚烫。韭菜开花了。开花的那一枝，硬邦邦的，做菜的时候不能用。白的花，黄的蕊，美得让人怜惜。

下午 2:46 │ 气温 33℃

阳光刺眼，太阳火辣。

清凉，有微风。幼儿草的头在轻摇。布谷鸟声音大雨响，gū gū gū —— 太阳像双黄月饼中心黄，红色中泛出柔和的金光，升起在东方的天空。今早鸟儿在睡懒觉，除了布谷鸟叫几声又停了停，没有其余的鸟叫。蟋蟀在歌唱。鸭子把草咬在嘴里，它两嘴以松快的频率上下左右晃动，加上是把这根有刺叶的草嚼碎。连剧列的动作，带动着包括头也以极快的速度晃动着。嚼完，抬草，足以把嘴发笔直。有几只鸭子把长带伸到这里吃糠，再喝水，"嘛嘛嘛嘛"，动作快得不得了，它含〇没有。它们最后吃的给闹。

二O一三年九月二十一日 早6:40
发右八月十七

萝卜菜长出来了

《 清晨小景 》

9 月 21 日 | 农历八月十七 | 早上 6:40

清凉，有微风。狗尾草的头在轻摇。布谷鸟声音大而响，"gǔ gū gū——"太阳像双黄月饼中的黄，红色中泛着柔和的金光，升起在东方的天空。今早鸟儿在睡懒觉，除了布谷鸟叫几声又停一停，没有其余的鸟叫。蟋蟀在歌唱。鸭子把草衔在嘴里，它的嘴以极快的频率上下左右晃动，为的是把这极有韧性的草嚼碎。这剧烈的动作，带动着它的头也以极快的速度晃动着。嚼完一根草，足以把脑袋晃晕。有几只鸭子把长嘴伸到盆里吃糠，再到另一个盆里喝水，"唏唏唏唏"，动作快得不得了，完全没有它们散步时的悠闲。

2013年10月1日　农历八月二十七
早6:40　20℃左右

紫苏.老了

《 一波三折画紫苏 》

10月1日 | 农历八月二十七 | 早上 6:40 | 气温 20℃左右

十月一日开始画紫苏，直至三日傍晚，才将紫苏着色完毕。

三天，当然不是时时在画，但也费时颇多。

10 月 2 日

在灯光下，将铅笔稿描好。这次用的是与以往不同的笔，一支出水特别流畅的笔。描到眼涩到有一丝痛才描完。不过，很有成就感，觉得叶片繁复，画面丰富，兴奋得很。

10 月 3 日 | 早上 6:30

一大早，我们就往菜园里钻。我画紫苏，丙龙在一旁锄地，准备把已经长得挤挤挨挨的白菜秧移栽过来。锄了一阵地，他大汗淋漓，我帮他回屋拿水喝。等我拿水杯过来时，丙龙坐在我的凳子上，画本放了旁边的草地上。今早没有看到露水，我也没太在意。

之后，开始做早餐。我把本子盖好，放在凳子上。

上午 10:40 左右

我准备继续画。打开本子，我呆住了，继而心开始痛。我花了几

137

天描好的紫苏，有好几处已经有墨水浸开了的痕迹。早上本子摊开倒扣在草上的水气沾到了已描好的黑色线条上，开始浸漫开来。我用橡皮使劲擦，边擦边心痛。唉，只是褪去了一些，没有办法完全擦干净。

下午 3:00 左右

开始上色。一上色，发现没有比这更糟糕的事，一上色，线条就释放出黑色。这是以前从未有过的。那支出水超级流畅的笔，此时让我如此尴尬。

上完一枝的颜色后，我没有勇气上其他枝条的颜色。我不喜欢这种黑色漫开的脏兮兮的感觉。我用彩色铅笔把紫苏的花画了。但叶片的颜色用彩铅不太好完成。一是颜色没有匹配的，二是铅笔在水彩纸上，有些艰涩难行。

冒险尝试用水彩画下一枝。不能让笔蘸太多的水，将笔在白瓷碟边缘刮了又刮，想尽量让水分少些。我又存着些侥幸心理，想也许这一枝不会再晕染了。

肯定还是会的。混入黑色后，颜色变得暗、哑。画完这一枝，又没有勇气往下画了，我用彩铅尝试着涂了一片叶。涂完以后觉得不满意，还是回过头来用水彩画。

硬着头皮往下画。等到终于画完，觉得还马马虎虎。老了的紫苏，因为黑色的加入、漫开，反而有了沧桑的、积了些灰尘的感觉。这倒是意外的收获。

一波三折，终于画好紫苏。

我多么喜欢紫苏紫色的叶脉，清晰、美丽的脉。

我清楚地明白，我用一生的时间也没有办法长成一个艺术家。但我更清楚地明白，我可以用艺术的方式，与这个世界连接，并用艺术的方式，带孩子去看这个世界。

苋菜枯萎残破的叶，
垂向大地。它即将
从自然的手腕中，
疲倦地滑落。
复归泥土。

2013年10月4日
农历八月三十

《 萎谢的苋菜叶 》

10 月 4 日 ┃ 农历八月三十

在生命日益走向衰竭时，苋菜枯萎残破的叶，大都垂向大地。

从哪里来，回哪里去。

从自然的手臂中，疲倦地滑落。

复归泥土。

山黃菊

《 假日流水账 》

夏天有风，风来的日子也是热的。秋天有风的时候少，无风的日子也是凉爽的。

早起清凉，草上有露珠，蟋蟀在唱。穿两件衣服的我，又返身回屋加了一件外套。微微的风吹动狗尾草。樟树的叶、桂花树的叶、辣椒叶、茄子叶和紫苏叶轻轻摆动，恐惊动安静的晨。

园子里还有辣椒、苦瓜、茄子，丝瓜也还在开着花，白菜和萝卜菜又长大了一些。苋菜则完全干枯了，像插在瓶里的干花。

鸭子又长大了。鸡在我身后的竹篱边徘徊，"咯咯"地叫，伺机进菜园。新买来的那只大公鸡，婆婆暂时用一根绳子把它拴在一截木棍上。木棍也限制不了它的自由，它拖着木棍，在院子里踱步，只是不如别的公鸡昂首阔步。

我们家的鱼池已经完全修好了。

晚上 6:40 ｜ 气温 24℃左右

蟋蟀轻唱，唱不来星星与月亮。天幕黑蓝，凉风袭背。

143

红、绿、蓝三色的帐篷顶，四周是"家和万事兴"的扇面图案。大锅支在大灶上，做菜的师傅用锅铲铲起一大块猪油，倒进烧热的大锅里。大灶上方的空气被烧热了，现出颤巍巍的线条。

一台大电视机摆在中央，边上是两大束立在钢丝花瓶里的色彩鲜艳的假花和一圈小盆的花。一个中间留着头发两边剃光的年轻男孩，拿着话筒入情地唱着歌。

帐篷下，大家随意找一条凳子坐下，嗑瓜子，剥花生，拈糖吃。音响的声音罩住了每个人的耳朵。

这是乡村热闹婚礼的前奏。

晚上 7:30

我们一家在搬移婆婆百年之后要用的眠床（棺）。木质的、结实的眠床，不会因为我们咬牙切齿使出了吃奶的劲而移动半分。盖子铆合在床体上，没有办法分离。丙龙用锤子试探着敲，终于将盖子敲松，移到了斗车上。又将原来架在砖上的眠床，移到两根圆木上。它移动起来也是不容易的。我们先将一根结实的绳子套在下面，然后抬着绳子，将眠床的一头移下来，再移动另外一头。有了圆木，推动起来会容易许多。一边推，一边移动圆木。儿子说，这是建造埃及金字塔运巨石的方法。总算把眠床移到另一个大一些的车库旁边。木头的缝隙生了很多的小虫子，婆婆耐心地往里面喷杀虫剂。其实，以婆婆目前极佳的健康状态，以及乡村现今对丧葬的要求，这个眠床，已不太可能用上了。

10 月 3 日 ┃ 农历八月二十九 ┃ 早上 8:25

今早露珠特别多，每一片叶子上都是湿漉漉的。叶片好像在水里浸泡过，还没来及擦干。唱了一晚的蟋蟀，还在唱，也许不是晚上的那一拨，它们可能在日与夜的舞台交替演出吧。近处的鸟，"gǔ gū gū gū——"，远处的鸟，"gǔ gū——"，像男性的声音。樟树间的小鸟，声音则如女性。

太阳已经高移至东南方的天空，照亮菜园。鸭子正在吃糠。它们的头快速点动，吃几口糠，就到旁边的盆子里喝几口水。它们卖力地吃着，甩得一头一身都是糠屑。

晚上 7:26

日与夜的舞台上，蟋蟀的演唱会全天都没有间断过，只是夜晚的吟唱更为热闹一些。夜的舞台上，一定有一个主角。它的声音从合唱中升起来，响亮地发几声后，再停歇一会儿。合唱声则是模糊、持久的。

又是一个无星无月的夜晚。蟋蟀的吟唱里，夹杂着远处广场舞的乐声。

晚稻已经成熟。如苇岸所言，"它们将丰足的头垂向大地"，这是对大地的无语的敬祝和感激。

今早比昨天早上凉。我们家的桂花树又散出清香。听到我开门的声音，狗依然在门外摇着尾巴迎接。五只黑母鸡、两只黄母鸡，一只脚上拴着木棍的大公鸡，早已起来觅食了。

"gǔ gū gū gū——"用浑厚男低音歌唱的鸟，又在远处唱了。

今天草上没有露珠。蟋蟀在草丛里叫得很欢，鸭子也在叫，它们大约是饿了。

白菜起虫了，叶片上白白的粉末是石灰，用来灭虫的。

婆婆在厅里发现一条小黑蛇，她起初以为那是一条大蚯蚓。她用大竹扫帚把小黑蛇从大厅扫到阳台上，复又扫下台阶，扫入前院，扫到铁门外的池塘边。小黑蛇惊慌地快速扭动着，害怕极了。到了池塘边，它迅速钻入松散的泥块间，不见了踪影。

一季稻正在收割。打谷机轰隆隆地响，前面的滚筒在疯狂地转。

它用钢齿和圆筒摩擦，将倒伏在地已被车轮压倒的稻束咬起。谷粒从机器后面的口子出来，另一人用纤维袋将掉落的谷粒装好。装满一袋，就换一个纤维袋。

另一片已收割完的田里，立着一个个醒目的土黄色纤维袋。农人用红色的纤维绳将鼓胀的袋子系紧。之后，这一袋袋的谷子农人会搬回自家庭院进行晾晒。

二季稻的籽粒已充满，谷粒已黄，但稻叶还青，成熟尚需时日。

10月6日 ︱ 农历九月初二 ︱ 早上 7:10 ︱ 气温 18℃左右

要穿薄棉袄。

远处的田野，已收割完毕，一片平坦。

菜园里也平坦开阔了。昨天拆掉了供豆角、苦瓜藤和南瓜藤攀爬的棚架，把土挖松，再挖出一个个的洞，把白菜秧子、青菜秧子，还有一直长得极其瘦弱的葱，移栽到一个个洞里。栽菜的时候，要用到像小孩玩具般的小铲子，不过大多时候是用手。用手把土盖到菜的根部，更快更方便。婆婆只是叮嘱我，不要把洞与洞之间用作间隔的泥土扒拉下来。她说，把这些扒拉平，浇的粪就会到处流，不易集中到菜的根部。

我早起开门，准备放鸡出去，婆婆复又把门关上。二季稻正在成熟中，谷粒已充实但未收割，鸡们会到田间去觅食。她说，等这些稻子收割了，再放它们出院子。

一只小鸟在玉兰树深绿的茂盛叶丛中，清脆歌唱。桂花的香，断续飘入菜园。

早上 8:10

鸭子下池塘，在浅水处梳洗。上岸之后，鸭子展开双翅，使劲扑扇着。它展翅的姿态，让人忆起它们的祖先确实是可以飞翔的。它墨绿的羽毛，在阳光下有一种光彩。它转过头，用扁嘴梳理着，也清洁着翅下的部分。它踱几步，又扑扇几下翅膀，把水甩得更干一些。它站在池塘边的阳光处，等待着羽毛被晒干。

浅水处的这只鸭子，站在池塘中，水才没过它的脚蹼。它把头完全探进水里，迅速入水，又迅速出来，如此几次。它抬起右脚，在嘴边摩擦着，做着清洁的工作。远处的一只鸭子，活动几下，扑扇几下翅膀，把身体污垢洗净，它的翅膀拍动水面，发出"哗哗"的响声。站在岸上的三只鸭子，各自用扁嘴理着前胸白色的羽毛，又理理背上墨绿的羽毛，翅膀使劲地扑扇几下后，再理理羽毛。它们的翅膀微微张开，轻轻抖动着。

下午 3:20

太阳热烈。蟋蟀声轻轻。那只早上没有叫的鸟，过一段时间就唱上几声，"gǔ gū gū gū——gǔ gū gū gū——"桂花的香味浓郁，歇一阵，又飘过来。我喜欢这对鼻子没有太多侵略的自然香气。

突然，对面的辣椒丛里钻出了一只黄母鸡，它看着打伞的我，我看着叶丛下的它，互相惊讶地对视了几秒后，它回过神来，做出逃跑状。我也回过神来，起身要赶它出园。昨天才栽种的菜秧，可经不起它啄。"呀"，这一吆喝，树丛下又飞跑出一只、两只、三只黑母鸡。好家伙，在我画苋菜时潜伏了一个多小时，愣是没有"咯"一下。天知道它们是什么时候进菜园的。

2013年10月26日 农历九月二十二
早8:15 晴 秋天小菜园干
净、清淑，一览无余。不像
夏天的菜园，瓜棚藤架，
枝枝蔓蔓，萝卜开花了，米
色小花苞，紫色的花苞，美
得像星星。蟋蟀在墙脚
唱，小鸟在枝上鸣。

萝卜菜

《 秋日菜园 》

秋天的菜园干净、清澈，一览无余。不像夏天的菜园，瓜棚藤架，枝枝蔓蔓。藠（jiào）头开花了，米色的花苞、紫色的花苞，美得像星星。蟋蟀在墙脚唱，小鸟在枝上鸣。

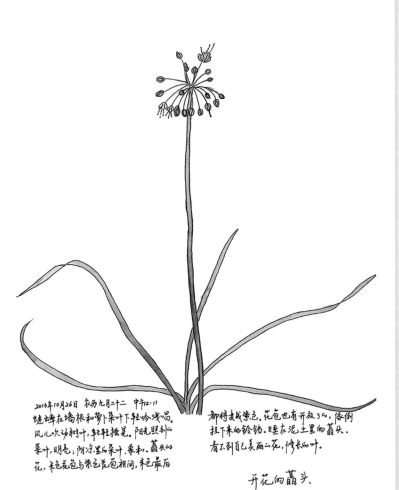

2013年10月26日 农历九月二十二 中午12:11
蟋蟀在墙根和萝卜菜叶下轻吟浅唱。
风儿吹动树叶，轻轻摇晃。阳光照到的
菜叶，明亮；阴凉里的菜叶，柔和。薤头的
花，米色花苞与紫色花苞相间，米色最后

都将变成紫色。花苞也有开放了的，像倒
挂下来的铃铛。睡在泥土里的薤头，
看不到自己美丽的花，修长的叶。

开花的薤头。

《 开花的薤头 》

10 月 26 日 ｜ 农历九月二十二 ｜ 中午 12:11

蟋蟀在墙根和萝卜菜叶下轻吟浅唱。风儿吹动树叶，轻轻摇晃。阳光照到的菜叶，明亮；阴凉里的菜叶，柔和。薤头的花，米色的花苞与紫色花苞相间，米色最后都将变成紫色。花苞也有开放了的，像倒挂下来的铃铛。睡在泥土里的薤头，看不到自己美丽的花、修长的叶。

白菜

被赶往田间的鸭子，在收割完的稻田里
觅食。在鸭舍喂养大的它们，油光黑亮。
它们不习惯自己觅食，又踱步回来，被
拦在了篱门外。它们将扁嘴伸句了栅篱
上那丛枯萎的苦瓜叶，吃得自是有滋
有味。

2013年10月26日
农历九月二十二
下午3:12

〈 稻田里，篱门外 〉

10 月 26 日 ｜ 农历九月二十二 ｜ 下午 3:12

　　被赶往田间的鸭子，在收割完的稻田里觅食。在鸭舍喂养大的它们，油光黑亮。它们不习惯自己觅食，又踱步回来，被挡在了篱门外。鸭子们将扁嘴叉向了竹篱上那丛密匝的苦瓜叶，吃得自是有滋有味。

这是大白菜，长沙人叫它黄芽白。
叶的边缘有细齿而突起。等
生长时候，我们会用草绳
把它散开的叶子捆成一圈，
包就会长成我们在市场上
看到的大白菜的样子。

2013.10.27.
农历九月二十三

《 舒展的黄芽白 》

　　这是大白菜，长沙人叫它黄芽白。叶的边缘有如刺的突起。等过些时候，我们会用草绳把它散开的叶子捆成一团，它就会长成我们在市场上看到的样子。

莴笋

2015年12月28日 农历十一月二十八

下午1:49 很安静，没有虫声，也没
有车、路噪。轻轻的鸟鸣声传来。
树寂中，突然有公鸡叫一声两声，
使这又发归静寂。阳光照在地
塘上，水很清亮。今天，水仍是
往日薄冰似的，我在室外桌上摆杯
水，已凝成冰块。怎么说，冰
都已经融化了。莴笋叶搭在枝

上，腋污的涂料把把往中间和
黄色花瓣把。无力地垂下。莴树
瘸瘫得惊龙的样子，地上也是
一地残叶，那挥走去，它这莴树
的枝枝轻使会成为乡间。

莴笋叶子，有阳夹的青绿生绿的
叶脉。叶状与叶脉之间的部分，
较了起来。

《 莴笋的叶脉 》

12 月 28 日 ｜ 农历十一月二十六 ｜ 下午 1:49

很安静。没有虫声，也没有人声。远处，轻轻的鸟鸣声传来。静寂中，突然有公鸡的一声高鸣，很快又复归静寂。阳光照在池塘上，水很清亮。而早上，水面是结了薄冰的。放在室外的小半桶水，已冻成冰块，只是现在，冰都已经融化了。菊花萎谢在枝上，脏污的深棕色抱住中间的黄色花瓣，无力地垂下。杉树满树漂亮的棕黄，地上也是棕黄色。脚踩过去，它掉落的籽粒便会发出声响。

莴笋的叶子，有细密得有如迷宫的叶脉。叶脉与叶脉之间的部分，鼓了起来。

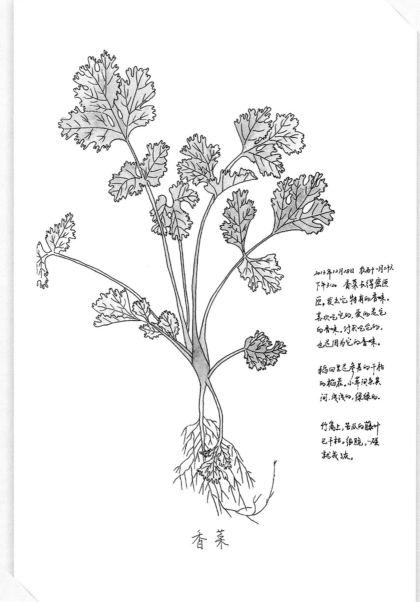

2013年12月18日 农历十一月初六
下午3:20 香菜长得密匝
匝，发去它特有的香味，
喜欢它它的，爱的是它
的香味，讨厌它它的，
也是因为它的香味。

稻田里总有着的干枯
而稍疏。小草间东其
间，或浅的，绿绿的。

竹篱上，苦瓜的藤叶
已干枯。很脆，一碰
就成灰。

香菜

❴ 香菜絮语 ❵

香菜长得密密匝匝，发出它特有的香味。喜欢吃的，爱的是它的香味；讨厌它的，也是因为它的香味。

稻田里是参差的干枯的稻茬。小草间杂其间，浅浅的、绿绿的。

竹篱上，苦瓜的藤叶已干枯，很脆，一碰就成了灰。

冬天的树叶

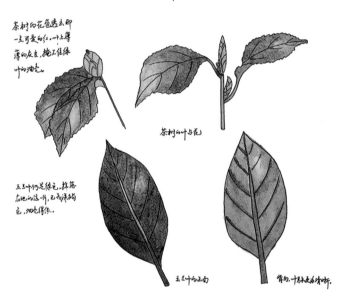

茶树的花苞遂去即
一点可爱的红。叶上厚
薄的发生，掩不住绿
叶的油光。

茶树的叶与花

玉玉叶仍是绿色，掉落
在地的这一片，已成深棕
色，阳光得住。

玉玉叶的正面   背面，叶脉更为清晰。

2013年12月29日 农历十一月二十七
我站在彩树下，能听到它的针
叶和果实穿进展展的枝，落到
地面时发出的响声。"啪"，它
的棕黄的彩粒打在我的本址。
再一颗，扇上。

红冠子大公鸡站在围墙上，
昂首高歌。再望时，它已到
了桂花树下。又一瞅，它
已飞越竹篱达菜园。

《 冬天的树叶 》

我站在杉树下，能听到它的针叶和果实穿过层层的枝，落到地面时发出的响声。"啪"，它棕黄的籽粒打在我的本子上。再一颗，肩上。

红冠子大公鸡站在围墙上，昂首高歌。再望时，它已到了桂花树下。又一瞅，它已飞越竹篱进入菜园。

茶树的花苞透出那一点可爱的红，叶上薄薄的灰尘，掩不住绿叶的油亮。

玉兰叶仍是绿色。掉落在地的这一片，已成深褐色，油亮得很。

桂子满枝

绿色的桂子，曾是儿子最爱的玩具。他
常常捡拾起掉落在地的桂子，在沙堆
上摆出各种阵式，说打仗的游戏。
今年桂子满枝，儿子不再说"桂子小兵"，
他拉起锄头，到竹林里去修他的"防
御工事"去了。
童年在悄悄地溜走。 2013.12.19.

《 桂子满枝 》

　　绿色的桂子，曾是儿子最爱的玩具。他常常捡拾起掉落在地的桂子，在沙滩上摆出各种阵式，玩打仗的游戏。今年桂子满枝，儿子不再玩"桂子小兵"。他扛起锄头，到竹林里去修他的"防御工事"去了。

　　童年在悄悄地溜走。

风霜之中
葱长大了

这是
我种的葱

2013. 12. 29.
农历十一月二十七

❰ 历经风霜的葱 ❱

12 月 29 日 ｜ 农历十一月二十七

风霜之中，

葱长大了。

这是，

我种的葱。

不是所有分行的都是诗，

比如说，这一首。

庭院里的两朵茶花

大多数的茶树还未开花，绿色的花苞间夹杂叶间，有两棵已红
花了。靠近阳台的这株，开枝丽大红花，只开了一朵，靠近围墙
的一棵，是浪漫的粉红，已开5同五朵。细看，稍微也不同。大红茶
花瓣似玫瑰，粉红茶花中间，堆着层层的花瓣，粉得透出的花很红
细看的娇红，女孩子
细细的唇意。   水绿得像花波状中，洗去山

2011年1月2日 农历十二月二十九 12℃ 小雨转阴天
宋果向田野里，高大枝叶挂社黄的桶草在间，老屋浴成淡淡绿。
草，浅浅戏红。池塘里的水，浅戏红。今年湖南的雨，与池油一样长，全
年发下连山块雨山湖句，即享下雨，也是小雨，叶间往得有时道路面
都来不及打湿。霜，突然成为我们熟悉的一个字，乡村，也有霾。不
足的山，树，物藏在阴里了。
菜园里，白菜、萝卜、莴笋、香里红、菇头、大蒜、葱，一片绿。行篱上
缠着苦瓜不剩一丝水份的藤和叶，藤有树住，用手拉不断。

〈 庭院里的两朵茶花 〉

　　大多数的茶树还未开花，绿色的花苞间杂在叶间，有两株已经开花了。靠近阳台的这株，开艳丽的大红花，只开了一朵；靠近围墙的一株，是浪漫的粉红，已开了四五朵。细看，形状也不同。大红茶花形似玫瑰。粉红茶花中间，堆着层叠的花瓣。粉得透明的花瓣上细密的脉络，如孩子吹弹可破的皮肤中，透出的细细的血管。

1 月 29 日 | 农历十二月二十九 | 小雨转阴天 | 气温 12℃

　　寂寞的田野里，高高矮矮枯黄的稻草茬间，是或浓或淡的绿。草，浅浅的。池塘里的水，浅浅的。今年湖南的雨，与汽油一样贵。全年没下过几天雨的湖南，即算下雨，也是小雨，时间短得有时连路面都来不及打湿。霾，突然成为我们熟知的一个字。乡村，也有霾。不远的山、树，都裹在纱里了。

　　菜园里，白菜、萝卜、莴笋、雪里蕻（hóng）、藠头、大蒜、葱，一片绿。竹篱上缠着苦瓜不剩一丝水分的藤和叶。藤有韧性，用手扯不断。

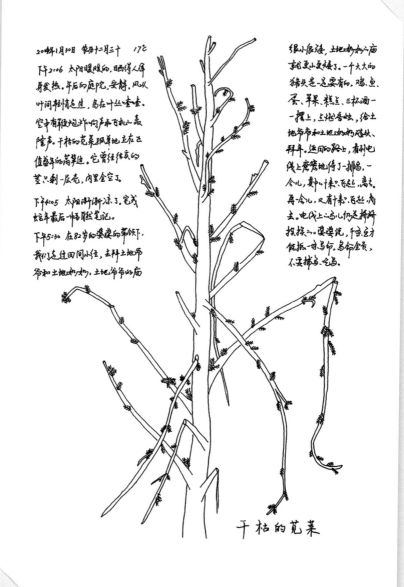

2016年1月30日 农历十二月三十 17℃

下午2:06 太阳暖暖的，日晒得人浑身发热。午后的庭院，安静。风从叶间轻情走进，鸟在叶丛里金金。空中有後炮炸响声在耳边山最隆声。干枯的苋菜孤单地立在已值暮年的篱笆进。它曾经往真的茎几剩一层壳，内里全空了。

下午4:05 太阳渐渐凉了。宅戊始年最后一帖职似笔记。

下午5:30 在82岁的婆婆的举领下，我们送往回同小往，去拜土地爷爷和土地奶奶，土地爷爷的庙

很小很矮，土地奶奶的庙却更小更矮了。一个大大的猪头急一这要有的。鸡、鱼、菜、苹果、糕点、三杯酒一一摆上，上炮香烛，给土地爷爷和土地奶奶磕头、拜年。返回的路上，有到电线上密密地停了一排鸟，一会儿，要叶下来，飞起。高飞。再会儿，又有叶来。飞起。飞走。电戊上心鸟儿仍是搬搬探探入。婆婆说，千亲岛才能振一声马命，乌命全贵，不要掷写，宅乌。

干枯的苋菜

《 干枯的苋菜 》

1 月 30 日 ｜ 农历十二月三十 ｜ 下午 2:06 ｜ 气温 17℃

　　太阳暖暖的，晒得人浑身发热。午后的庭院，安静。风从叶间轻悄走过，鸟在叶丛"喳喳"。空中有鞭炮炸响声和飞机的轰隆声。干枯的苋菜孤单地立在正值盛年的莴笋边。它曾经结实的茎只剩一层壳，内里全空了。

　　太阳渐渐下山。我完成了蛇年最后一幅自然笔记。

下午 5:30

　　在八十二岁的婆婆的带领下，我们走过田间小径，去拜土地爷爷和土地奶奶。土地爷爷的庙很小很矮，土地奶奶的庙就更小更矮了。一个大大的猪头是一定要有的，鸡、鱼、蛋、苹果、糕点、三杯酒一一摆上，点燃香烛，给土地爷爷和土地奶奶磕头、拜年。返回的路上，看到电线上密密地停了一排鸟，一会儿，其中的十来只飞起、离去。再一会儿，又有十来只飞起、离去。电线上的鸟儿仍是挤挤挨挨的。婆婆说，千条鱼才能抵一条鸟命。鸟命金贵，不要捕鸟、吃鸟。

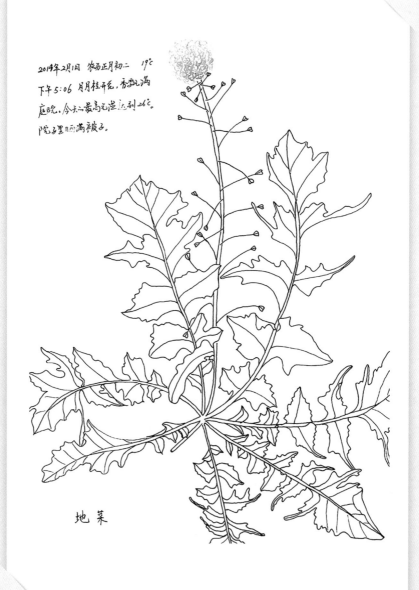

2014年2月1日 农历正月初二 19℃
下午5:06 月月桂开花,香飘满
庭院。今天二最高气温达到26℃。
院子里晒满被子。

地菜

《 荠菜开花 》

2月1日 | 农历正月初二 | 下午 5:06 | 气温 19℃

月月桂开花，香飘满庭院。今天的最高气温达到二十六摄氏度。院子里晒满被子。

地菜即荠菜。锯齿状大大的叶子贴地而生，茎直立，顶端绿色的小小叶衬着白的小小花。小小果呈倒三角，一捏，里面有好多小小的种子。

每年三月三，地菜煮鸡蛋，是家家都要吃的。鸡蛋和整株嫩嫩的地菜放入水中煮，喝汤吃蛋，能治头晕。

小桂花树上的新枝

2014年2月3日　农历正月初四　早上730　16℃

远处二起响炮声，一响一响，像开着静的欢宴。太阳
仍旧高照，只是已不似昨日燥热。树叶在风里混
和摆动。我们家的花数落残在地上，滴脱香气期或
嚼着叶。小黑狗趴在地上晴着头。暖和的天气里，
树爱发出新枝。

《 树发新枝 》

2 月 3 日 ｜ 农历正月初四 ｜ 早上 9:30 ｜ 气温 16℃

远处的鞭炮声，一响一响，荡开安静的天空。太阳依然高照，只是已不似昨日燥热。树叶在风里温和摆动。我们家的胖猫蹲在地上，满脸喜气地朝我喵喵叫。小黑狗趴在地上啃骨头。

暖和的天气里，树发出新枝。

把落叶和燃放过的鞭炮屑扫在一起，点燃，让它烧尽。燃烧的碎屑时不时发出"啪啪"的声音。

远处不知谁又在放鞭炮，一响一响，荡开安静的天空。

清香怡人百合花

2014年2月4日 农历正月初五 立春 小雨

从昨晚开始，气温骤降，雨淅淅沥沥。
今日立春。我画下这朵粉色的百合，这
是我的第一幅水彩画。没有1里色小钢笔
偶尔的点缀，它必素与美得以尽情以展
示。

《 清香怡人百合花 》

2月4日 ｜ 农历正月初五 ｜ 立春 ｜ 气温 4℃

从昨晚开始，气温骤降。雨，淅淅沥沥。今日立春。我画下这朵粉色的百合。这是我的第一幅水彩画。没有了黑色钢笔线条的束缚，它的柔与美得以最尽情地展示。

贴梗海棠

2014年2月12日 上午10:10 2℃

枝园里,贴梗海棠含苞,花苞紧贴树干。明代《群芳谱》记载,海棠有四品:西府海棠、垂丝海棠、木瓜海棠、贴梗海棠。海棠旁,紫红的梅花和鹅黄的腊梅怒放。海棠和梅,都是先开花,后长叶。它们是花的先驱者,在春寒里热情微笑。几个孩子在长廊下戏耍。他们捡了紫藤的荚果给我看。紫藤是豆科植物,它的荚果在9月成熟。此时,它深褐的种子已坚硬如石。于我而言,这是一张有声的自然笔记,贴上在看孩子们游戏时清脆的、欢乐的声音。

贴梗海棠在花中庄属糊涂极致而开惜者

这世间有安分守己的人

一定会变成贴梗海棠

我也想变成贴梗海棠——夏目漱石《草枕》

荚果内的种子

紫藤荚果的外面

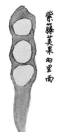

紫藤荚果的里面

《 贴梗海棠 》

2月12日 | 农历正月十三 | 上午 10:10 | 气温 2℃

校园里，贴梗海棠含苞，花苞紧贴树干。枝条基部圆状的嫩芽都是花芽。明代《群芳谱》记载，海棠有四品：西府海棠、垂丝海棠、木瓜海棠和贴梗海棠。

海棠旁，紫红的梅花和鹅黄的腊梅怒放。海棠和梅，都是先开花，后长叶。它们是花的先驱者，在春寒里热情微笑。

夏目漱石在《草枕》中写道："贴梗海棠在花中应属糊涂极致而开悟者。这世间有安分守己的人，这样的人转世，一定会变成贴梗海棠。我也想变成贴梗海棠。"

几个孩子在长廊下戏耍。他们捡了紫藤的荚果给我看。紫藤是豆科植物，它的荚果在九月成熟。此时，它深褐色的种子已坚硬如石。

于我而言，这是一张有声的自然笔记，贮存着孩子们游戏时清脆的、欢乐的声音。

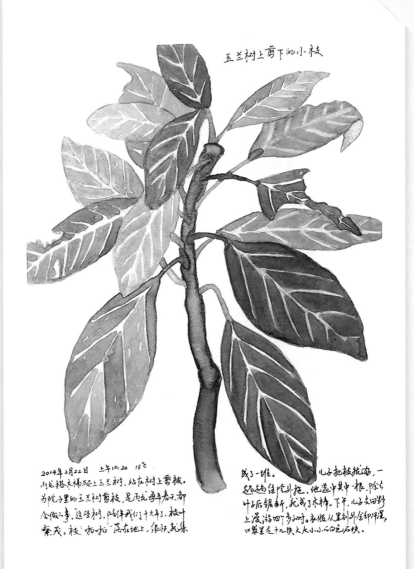

玉兰树上剪下的小枝

2014年2月22日 上午10:20 15℃
两位搭木婦人爬上玉兰树，站在树上剪枝。
为院子里的玉兰树剪枝，是历九每年春天都
會做的事。这坐树，陪伴我们十九年了。枝叶
茶茂。枝｛抛｝松落在地上，很快就集

成了一堆。 儿子把枝捡起，一
趁趁往院外抱。他选中其中一根，除去
叶子后锯断，就成了木棒。下午，儿子去田野
上漫游四个多小时。在假从里剖外全部不程，
口袋里是十九块大大小小的色石块。

《 玉兰树上剪下的小枝 》

2 月 22 日 | 农历正月二十三 | 上午 10:20 | 气温 15℃

　　丙龙搭木梯爬上玉兰树，站在树上剪枝。为院子里的玉兰树剪枝，是丙龙每年春天都会做的事。这些树，陪伴我们十六年了，枝叶繁茂。枝"啪啪"落在地上，很快就集成了一堆。儿子把枝拢好，一趟趟往院外拖。他选中其中一根，除去叶子后锯断，就成了木棒。下午，儿子去田野上漫游四个多小时。衣服从里到外全部汗湿，口袋里是十几块大大小小的白色石块。

黄 栀子

2014年2月22日 下午14:06   15℃
婆婆从山上采下黄栀子,日晒干,泡
净,加糖,泡水给火热太重的儿
子喝,每一颗,都是母亲疼儿子
的心。

栀子清热、去火,也可做染料用,
用栀子浸液可直接将织物染成鲜
艳的黄色,它是秦汉以前应用最
广的黄色染料。"染园出栀、茜,
供染御服。"汉马王堆出土的染色
品的黄色即以栀子染色而得。

《 山上采下黄栀子 》

2 月 22 日 ｜ 农历正月二十三 ｜ 下午 2:06 ｜ 气温 15℃

婆婆从山上采下黄栀子，晒干、洗净、加糖、泡水，给她火热太重的儿子喝。每一颗，都是母亲疼儿子的心。

栀子清热、去火，也可做染料用，用栀子浸在液体中可直接将织物染成鲜艳的黄色，它是秦汉以前应用最广的黄色染料。"染园出栀、茜，供染御服。"汉马王堆出土的染织品的黄色即以栀子染色而得。

花朵娇小, 花瓣更细腻. 花卉中的这枝
太阳菊. 开在早春的餐桌上。
2014.3.9.

太阳菊

《 早春太阳菊 》

花朵娇小，花瓣细腻。花瓶中的这枝太阳菊，开在早春的餐桌上。

含苞

2014年3月15日 17:05 12℃ 风大，树叶沙沙响。田里的平塘而高，草中的水洼贮满清亮亮的水。邻居家的梨树开花了，一片洁白的向向。呼引了在水中慢慢游，把喂含鱼儿吃的草悲散花光。池塘里的水涨了。
3月6日，惊蛰，桃九年，我们家池塘边的小桃树，此时还没含苞。眼边的那朵桃花，是心方给我从山上来来的。

《 桃树含苞 》

3 月 15 日 | 农历二月十五 | 下午 5:05 | 气温 12℃

风大，树叶沙沙。田里的草密而高，草中的水洼贮满清亮亮的水。邻居家的梨树开花了，一片细腻的白。鸭子在水中慢慢游，把喂给鱼儿吃的草悉数吃光。池塘里的水涨了。三月六日，惊蛰，桃始华。我们家池塘边的小桃树，此时还只含苞。旁边的那朵桃花，是儿子给我从山上采来的。

2014年3月21日 早7:00 15℃
鸟儿的疲倦在夜间洗去,早起的鸟儿
鸣声轻来。不知其中是否有黄鹂的鸣叫?
惊蛰后五日,仓庚鸣,仓庚即黄鹂。今
日已是春分,黄鹂感春阳之气,该早起
嘤嘤求友了吧。鸡们朋天喙理羽毛,
停立不动或慢慢踱步,并不急于觅食。

翘尾巴的大公鸡雄赳赳急步
走来。小狗跳起看似扑鸣状,
鸡们四散。俄尔复归平静。
阳光照亮远处的竹林,今
日无风,竹林静止。茶树花
朵满枝,我画下其中的四朵。
如被鸟听去,每一个早晨,都
是一个愉快的邀请。

同一株茶树上的茶花

《 同一株茶树上的茶花 》

3月21日 | 农历二月二十一 | 早上 7:00 | 气温 15℃

　　鸟儿的疲倦在夜间洗去，早起的鸟儿鸣声轻柔。不知其中是否有黄鹂的鸣叫？惊蛰后五日，仓庚鸣。仓庚指的是黄鹂。今日已是春分，黄鹂感春阳之气，该早就嘤嘤求友了吧。鸡们用尖喙理理羽毛，伫立不动或慢慢踱步，并不急于觅食。翘尾巴的大公鸡雄赳赳急步走来。小狗跳跃着做扑鸡状，鸡们四散。俄尔复归平静。阳光照亮远处的竹林，今日无风，竹林静立。茶树花朵满枝，我画下其中的四朵。如梭罗所言，每一个早晨，都是一个愉快的邀请。

绽 放

2014年3月21日 早8:50   9℃   珀栗花金黄。稿菇从绿草中冒出。而在之前，是绿草从稿菇中冒出。今日春分，池塘边小桃树开花了，长出了婴儿般的嫩叶。

《 桃花绽放 》

3月21日 | 农历二月二十一 | 早上 8:50 | 气温 9℃

　　油菜花金黄。稻茬从绿草中冒出。而在之前，是绿草从稻茬中冒出。今日春分，池塘边的小桃树开花了，长出了婴儿般的嫩叶。

儿子推着手枪，在池塘边追赶着三只鸭子。它们惊慌地扇动翅膀向前跑，最后被逼跳入田中。田里的草又长高了，当鸭们像块用筛筛过虫时，就隐入草中。鸟儿鸣叫。鸡儿竟食，狗儿趴在我脚边打肫。桃花谢后，新叶满枝，狭长的锯齿状绿叶亮着人的眼。丙龙在池塘边新辟些一块地，准备种辣椒。地得用竹篱围起来。他砍下竹子，削去枝条，把竹筒劈成竹条，再插在地上，围成竹篱。

新叶满枝 2018.4.5

《 新叶满枝 》

　　儿子握着玩具手枪，在池塘边追赶着三只鸭子。它们惊慌地扇动翅膀向前跑，最后被逼跳入田中。田里的草又长高了，当鸭们低头用扁嘴吃草时，就隐入草中了。鸟儿鸣叫，鸡儿觅食，狗儿趴在我脚边打盹。桃花谢后，新叶满枝，狭长的锯齿状绿叶亮着人的眼。丙龙在池塘边新辟出一块地，准备种辣椒。地得用竹篱围起来。他砍下竹子，削出枝条，把竹筒劈成竹条，再插在地上，围成竹篱。

美人蕉

2014年7月7日 小暑 温风至
美人蕉，乡村到处可见的花
朵。花大，艳丽，在酷热的
天气中盛开。

《 美人蕉怒放 》

美人蕉, 乡村到处可见的花朵。花大, 艳丽, 在酷热的天气中盛开。

2014年7月23日 大暑 腐草化为萤

上午10:25　今天格外凉爽。风大，且带凉意。稻田已住收割，白鹭鸶在收割后的田里飞起又落下。也有些回里，插上了秧苗。现在都是抛秧，把秧苗住田里一抛就种上了，不必像以前那样，弯下身子费力地插秧了。有些田里种满了树。在路边，一台挖土机正把种在田里的大棵的棒树挖下，用麻绳把带着泥土的根部捆得扎扎实实，准备住城里运。

蝉儿在唱，夹杂着鸟儿的叫声，黑色的蜻蜓轻轻飞出，黄母鸡在草丛中慢慢踱步，弄出一个白色塑料袋。忽防鸟儿们把心爱的宝贝葡萄偷不着忘食吃。葡萄架上捆吃食了。今午，一生生酸，一上上甜。天气凉爽，草儿　　　　悠闲，人也悠闲。

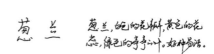

葱　兰　　葱兰，白色的花瓣，黄色的花蕊，绿色的守手小叶。好种易活。

《 悠悠大暑 》

7 月 23 日 | 农历六月二十七 | 大暑 | 腐草化为萤 | 上午 10:25

今天格外凉爽。风大，且带凉意。稻田已经收割，白鹭鸶在收割后的田里飞起又落下。也有些田里，插上了秧苗。现在都是抛秧，把秧苗往田里一抛就可以了，不必像以前那样弯下身子费力地插秧了。有些田里种满了树。在路边，一台挖土机正把种在田里的大棵的樟树挖下，用麻绳把带着泥土的根部捆得扎扎实实，准备往城里运。

蝉儿在唱，夹杂着鸟儿的叫声，黑色的蝴蝶轻盈飞过。黄母鸡在草丛中慢慢踱步，并不着急觅食吃。葡萄架上捆了一个白色塑料袋，是防鸟儿们把那几颗宝贝葡萄给啄食了。尝一个，一点点酸，一点点甜。

天气凉爽，草儿悠闲，人也悠闲。

葱兰，白色的花瓣，黄色的花蕊，绿色的亭亭的叶。好种易活。

千日红

千日红, 狭长小叶儿两面都绒绒的, 叶脉不大清析。紫红的花儿像小圆球。

2014年7月24日 14:00
风吹过池塘, 水中树的倒影微微颤抖。风拂过大伴的紫苏, 叶儿笑得快翻过来了。小黄蝶飞得好忙, 像在风上滑行。蝉儿在浓密深绿的玉兰树叶间响亮地唱了几声。几秒后, 它拉开嗓门, 唱得比夏老风里传出的声音还要响。鱼儿在水下吃吸, 今早倒下的一筐草, 最初是浮在水上的厚厚一块, 现在起来瞧小東小块, 面小块了。

《 夏日小景 》

7月24日 | 农历六月二十八 | 下午 2:00

风吹过池塘，水中树的倒影微微颤抖。风抚过大片的紫苏，叶儿笑得快翻过来了。小黄蝶飞得好急，像在风上滑行。蝉儿在浓密深绿的玉兰树叶间响亮地唱了几声。几秒后，它拉开嗓门，唱得比麦克风里传出的声音还要响。鱼儿在水下吃得欢。今早倒下的一筐草，最初是浮在水上的厚厚一大块，现在是稀疏的东一小块、西一小块了。

千日红，狭长的叶儿两面都绒绒的，叶脉不大清晰。紫红的花儿像小圆球。

2014年7月28日 中伏第一天
19:05 29℃
太阳，舍不得落山，它恋恋的月光
照亮了云的银边。蝉，在树间织
去一张声音的网。一只蝉，在我的
头顶，在玉兰树叶中间，用以一
敌十的大嗓门，高声欢唱.

栀子叶

《 日暮蝉鸣 》

7 月 28 日 ｜ 农历七月初二 ｜ 中伏第一天 ｜ 晚上 7:05 ｜ 气温 29℃

太阳，舍不得落山，它恋恋的目光照亮了云的裙边。蝉，在树间织出一张声音的网。一只蝉，在我的头顶，在玉兰树叶中间，用以一敌十的大嗓门，高声欢唱。

2014年7月3日 早7:10 28℃

太阳早早地起起来了，一只野鸭
子，总有八分钟，在地塘边慢慢地
步，不一会儿，轰动的庵人不时昭儿到
回里去了。刚摘了久的秋苗，听得很起野鸭
们的吵嚷，又：浪把鸭子赶上来，忠心保疾入得，
令时鸭们在田里乱窜，秋苗起害珠了。"早早苦生生
呕呕呕"，一人在这追赶，一人在邵里祥开起狂，七八：鸭足足
抱抱拥拥上来了。

红薯的藤和叶

《 热闹的田间 》

7 月 30 日 | 农历七月初四 | 早上 7:10 | 气温 28℃

太阳早早地就起来了。一群鸭子，迈着八字步，在池塘边慢慢散步。不一会儿，就听到有人惊呼鸭子们到田里去了。刚插下不久的秧苗，哪经得起鸭们的扁嘴一叉？要把鸭子赶上来，急不得躁不得，否则鸭们在田里乱窜，秧苗就遭殃了。"哩哩哩哩，哩哩哩哩"，一人在这边引，一人在那边轻轻赶，七八只鸭子总算摇摇摆摆地上来了。

活血莲

八角鸟，又名大吴风草，婆婆叫它活血莲。每年农历十月，有黄色的花朵开放。婆婆在庭院里栽下活血莲，不仅因为它油绿绿叶，色黄的花，更因为它能活血止疼，散结消肿。

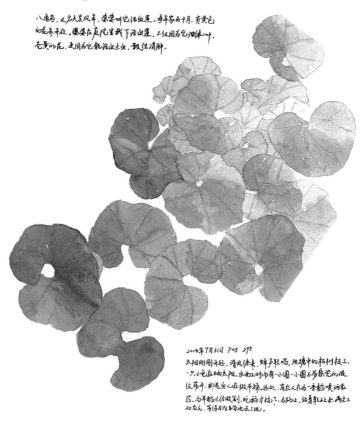

2014年7月31日 下午5 29℃
太阳刚刚升起，清风徐来，蝉声轻唱，池塘中的栀树板上，一只小鸟在晒太阳，水面上时而有小圈小圈不停荡漾的波纹荡开。那是鱼儿在做早操，远处，有农人在为一畦稻喷洒农药，而早稻已经收割，晚稻才插下。马路上，钢筋轧轧地抖，两边上的农民，争得半步半布地去工地。

❮ 庭院里的活血莲 ❯

八角乌，又名大吴风草，婆婆叫它活血莲。每年农历十月，有黄色的花朵开放。婆婆在庭院里栽下活血莲，不仅因为它油绿的叶、亮黄的花，更因为它能活血止血，散结消肿。

7 月 31 日 ｜ 农历七月初五 ｜ 早上 7:05 ｜ 气温 29℃

太阳刚刚升起，清风徐来，蝉声轻唱。池塘中的枯树枝上，一只小龟在晒太阳。水面上时而有一小圈一小圈不易察觉的波纹荡开，那是鱼儿在做早操。远处，有农人在为一季稻喷洒农药。而早稻已经收割，晚稻才插下。马路上，站着鞋子上积满尘土的农民，等待早班车带他去工地。

棗树的叶、花和果

2014年9月5日　24℃
四日晚，风雨交加，
操场·庙中采来
高的棗树的一
根枝折断，找来的
绿叶、黄色小花，如
枝捆状的但小果。
先在取上的枝因雨
泡在棗树上飘落下来
的黄叶子。
棗树的叶为大足
嫩小儿，反面叶
淡绿，黄花脱落，
到11状天，宾仙结
果长成酒瓶见，都向
其两。

《 多彩栾树 》

9月5日 | 农历八月十二 | 气温 24℃

　　四日晚，风雨之中，操场一角十来米高的栾树的一根枝折断。狭长的绿叶，黄色的小花，如杨桃状的红色的果。走在秋天的校园，满地是栾树上飘落下来的黄色小花。

　　栾树的叶在春天是嫩红的；夏天树叶渐绿，黄花满树；到了秋天，紫红的蒴果挂满枝头，多彩而美丽。

龙船花

龙船花，又名英丹、仙丹花、百日红、缅甸国花。
花期长，3~12月均可开花。开花密集，叶对生。
龙船花喜高温和日照充足的环境。在长沙少
日照的晴朗天气里，龙船花小小的花朵在辛苦忍
后竞相开放。

2014年10月18日 有雾
空气干燥。今日有雾，街上匆匆走过的人群里，穿了些
着单衣棉的年轻人，戴着黑色的防潮的口罩。
有着秋的淡色的小碎花，安静优雅，花来大多是四瓣小的，
有一两朵是五瓣的。你发现了吗？看花了眼吧，它忍进人，
也正在这些了。花来繁复，绿叶少些简单，点染的搭配呢，
非常来得当。

《 迷人的龙船花 》

10 月 18 日 ┃ 农历九月二十五 ┃ 有霾

空气干燥。今日有霾。街上匆匆走过的人群里，穿 T 恤着牛仔裤的年轻人，戴着黑色的很潮的口罩。

有着秋的颜色的小碎花，安静绽放。花朵大多是四瓣的，有一两朵是五瓣的。你发现了吗? 看花眼了吧。它的迷人，也正在这里了。花朵繁复，绿叶必然简单，这样的搭配，非常和谐。

龙船花，又名英丹、仙丹花、百日红。缅甸国花。花期长，3 ~ 12 月均可开花。开花密集，叶对生。龙船花喜高温和日照充足的环境。在长沙多日的晴朗天气里，龙船花小小的花朵在争先恐后地开放。

图书在版编目（CIP）数据

自然之美 ：朱爱朝写给孩子的自然笔记 ／ 朱爱朝著
. —— 北京：新星出版社，2022.2（2023.8 重印）
ISBN 978-7-5133-4657-3

Ⅰ . ①自… Ⅱ . ①朱… Ⅲ . ①二十四节气－少儿读物
Ⅳ . ① P462-49

中国版本图书馆 CIP 数据核字 (2021) 第 192493 号

自然之美：朱爱朝写给孩子的自然笔记

朱爱朝 著

策　　划	亲近母语
责任编辑	汪　欣
特约编辑	秦　方　李　爽
封面设计	李照祥　徐　蕊
内文制作	王春雪
责任印制	李珊珊　万　坤

出　　版	新星出版社　www.newstarpress.com
出 版 人	马汝军
社　　址	北京市西城区车公庄大街丙 3 号楼　　邮编 100044
	电话 (010)88310888　　传真 (010)65270449
发　　行	新经典发行有限公司
	电话 (010)68423599　　邮箱 editor@readinglife.com
法律顾问	北京市岳成律师事务所

印　　刷	北京奇良海德印刷股份有限公司
开　　本	880mm×1230mm　1/32
印　　张	7
字　　数	100千字
版　　次	2022年2月第一版　　2023年8月第二次印刷
书　　号	ISBN 978-7-5133-4657-3
定　　价	49.80元